呂昇達

職。人。手。作

貝果全書

6 種麵糰、8 款造型、8 款手作抹醬，
一次學會 65 種職人技法一次到位

呂昇達 著

不論身在何處，都能大放異彩

大家好，我是 柳川 や 主理人 艾力克，恭喜昇達老師《職人手作，貝果全書》發行了。

永遠記得我人生中第一場大型公開麵包講習，就是與昇達老師同台分享麵包，當年經驗尚淺的我，在旁觀察學習，對於昇達老師的課堂中有條理及邏輯的教學方式，讓我留下深刻的感受。

經過多年後，昇達老師對烘焙一直保持著初心，始終堅持著用最好的食材及努力不懈的精神研發出迎合市場又能夠讓消費者吃得安心的產品，不僅兼具外觀與口感，步驟也簡單易懂，讓每個人在家裡都能夠成為一名烘焙達人！

對於烘焙有興趣，但又不知如何入門的你，我推薦呂昇達老師的烘焙叢書，將會是幫助你開啟烘焙世界的奇妙旅程。

柳川 や 主理人
艾力克 柳川や.

值得好好收藏的貝果教科書

2022年跟昇達老師一起出了一本食譜《職人麵包店的繁盛秘密法則》之後,我們一起跑遍了全台灣的烘焙教室!

在跟昇達老師巡迴講習期間,近距離接觸後發現他認真教學跟突如其來的創意,特別是對於所有食材的特性、運用都瞭若指掌,所以幾乎每一堂課都會有不一樣的產品誕生。

也許是因為這樣身經百戰的經驗,昇達老師在這本貝果書中,也示範變化了六十幾款的貝果,從攪拌的方式、整形、發酵到完成,每個步驟都非常的細心、清楚!書中,我個人最愛的是裸麥貝果,以及德式脆腸貝果!

相信這是一本絕對值得好好收藏的貝果教科書!!

朵拉烘焙小舖
老闆兼麵包主廚
吳宗諺

創造烘焙專業與
初學者零距離的美味

一直希望能拉近專業與初學者之間的距離，這是多年來，我從事烘焙相關的教學顧問工作的動力。因此，在教導許多同學製作貝果的過程，不斷構思著一本簡明扼要的貝果專門食譜書，同時也能協助過往開店的學生和朋友創造更美味的發想。

貝果，給人的印象，總是樸實無華，但投入後卻發現製作過程一點也不枯燥。尤其，在追求美味貝果的過程中，我組合無數種貝果的做法和口味搭配，找出外皮的香氣咀嚼感以及內部的淡淡回甘滋味，並平衡鹽味的恰到好處。

在等待發酵的過程、等待烤焙的過程中，我有自信能讓大家製作出專業等級的味道。

以本書謹獻給
所有熱愛烘焙的朋友們

目錄
C o n t e n t s

Contents

目錄

目 錄
Contents

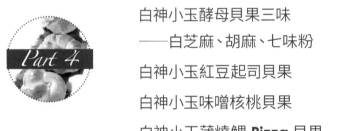

Part 6

Part 7

Contents

目
錄

Prepare

準備篇

基本材料及工具介紹

攪拌棒　　橡膠長柄刮刀　　不鏽鋼攪拌鋼盆　　電動攪拌機

基本工具介紹

貝果十分適合新手製作，不但材料簡單，使用的器具也很少，在製作過程中，可以借助機器攪拌麵糰，也可以單靠一雙手，就可以變化出各式各樣好吃又有創意的貝果！

基 本 食 材

製作貝果是最簡單不過的了，因為材料很簡單——高筋麵粉、水、鹽、酵母、糖。

當然如果想要有不同的口感，在製作貝果麵糰時，可以加上不同的材料增添風味。例如：想要吃軟Q的口感，可在製作麵糰時加入橄欖油；想擁有蜂蜜香氣，則可以在製作麵糰時加入蜂蜜取代砂糖；想要貝果帶有淡淡酒香，則將酵母選用白神小玉天然酵母。另外，還有全麥及裸麥貝果的製作。

水

糖

高筋麵粉

酵母

鹽

常 見 裝 飾 及 配 料 材 料

貝果不只原味，只要善用配料，口味也可以變化無窮！無論是在表面裝飾，或揉進麵糰裡，又或是包裹在麵皮裡，都可以吃到不同風味的口感！甜的、鹹的、輕淡的、重口味的……滿足每個人不同的喜好，創造出貝果的熱門話題及美味回憶！

亞麻子　核桃　白芝麻　葵花子

燕麥片　夏威夷豆　胡桃　黑芝麻

青蔥　德國脆腸　煙熏火腿

魩仔魚　蒲燒鯛　鮪魚　乳酪　香菜

沙拉米

馬鈴薯

火腿　藍紋起司　培根　台式香腸　秋葵

貝果麵糰的製作流程及做法

貝果其實變化很多元，本書就經典原味、軟 Q、蜂蜜、白神小玉酵母、全麥、裸麥等不同貝果麵糰的製作方式來教學外，其主要步驟及做法如下：混合材料、揉成麵糰，再經過基本發酵 30 分鐘後，分割、滾圓，再經 10 分鐘的中間發酵，然後整形成貝果形狀，進行最後發酵 30 分鐘，透過水煮燙麵方式，進入烤箱以上下火為 210 度，烘焙 18 ～ 20 分鐘即可完成。

以下就以最基礎的紮實口感貝果作示範，以 Step By Step 講解貝果的製作過程。

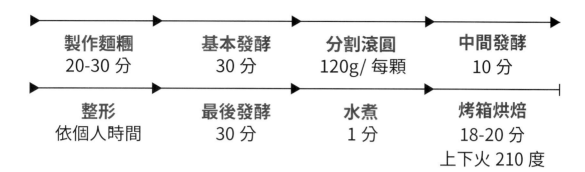

製作麵糰	基本發酵	分割滾圓	中間發酵
20-30 分	30 分	120g/ 每顆	10 分

整形	最後發酵	水煮	烤箱烘焙
依個人時間	30 分	1 分	18-20 分 上下火 210 度

貝果麵糰的基礎做法

材料（120g X 13個）

高筋麵粉	**700g**
法國麵包粉	**300g**
砂糖	**40g**
鹽	**20g**
即發酵母	**6g**
水	**500g**

步驟與流程

01 | 材料混合

Prepare

準備篇

先將粉類材料：高筋麵粉法國麵包粉砂糖鹽依序放入攪拌鋼盆內，以慢速攪拌 1 分鐘，使所有材料攪拌均勻。之後再加入即發酵母，一樣用慢速與所有粉類材料攪拌均勻後，再加入水及其他液體材料，如橄欖油等，一樣用慢速 8 分鐘，將所有材料聚合成糰。

02 | 揉捏成糰

聚合成糰後，將麵糰從攪拌鋼盆內取出，用雙手壓緊滾圓的方式，至表面光亮即可。切記千萬不能用搓揉方式，反而會破壞麵糰筋性，導致口感不佳。

03 | 基本發酵

將滾圓的麵糰放入調理鋼盆中，覆蓋保鮮膜，進發酵箱以溫度 **28°C**、濕度 **75** 度，進行基本發酵 **30** 分鐘。若家裡沒有發酵箱，則可運用裝水果的保麗龍或收納衣物的大型塑膠收納箱，甚至是烤箱、微波爐、電鍋等密閉空間，並在裡面放置一杯熱水幫助發酵。

04｜進行分割

基本發酵完後，可以用手指輕壓麵糰不回彈，即可將麵糰輕揉成長形。再用切麵刀切割成 **120g** 大小的小麵糰，約 **13** 等份。若最後仍有剩餘麵糰，請平均分配至切割的小麵糰當中。

05｜中間發酵

用手將一顆顆小麵糰滾圓。放入發酵盒子整齊排列，再進行中間發酵 **10** 分鐘，即可進行貝果加料或整形的製作囉！

06 | 貝果整形

這裡以貝果基本款來操作。將中間發酵完的小麵糰,擀成扁平形狀,以去除麵糰裡多餘的空氣。然後翻面,轉 **90** 度,將朝向身體方向的

麵糰底部用手指壓薄,作為未來收口處。若要包餡,也可在此步驟進行。

之後,把麵糰由上往下扣的方式,朝內摺壓,形成條狀,並將底部朝下收

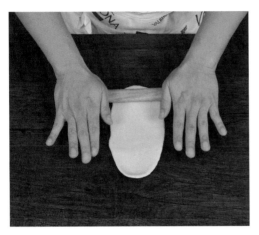

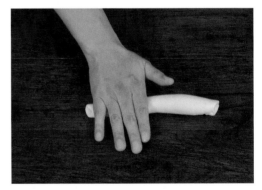

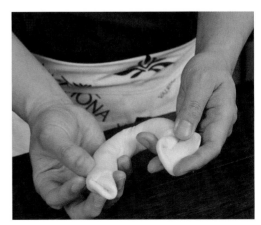

好。從右半邊開始向外搓長，呈現一邊大一邊小的長尾狀。翻面將收底朝上，並將左手邊的大口打開，將右手邊的尾巴放入，像包水餃一樣將接縫處收緊。

07 | 最後發酵

將整形好的貝果光滑表面朝上，放在烤盤上，排列整齊。蓋上保鮮膜，進行最後發酵 **30** 分鐘。

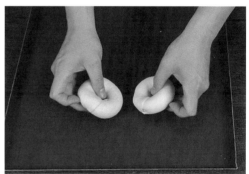

呂老師 Note

製作貝果冷凍麵糰與解凍處理

貝果在最後發酵完成後，若來不及處理可以先冰凍起來。為避免破壞麵糰，可以將貝果包上保鮮膜，再放入保鮮夾鏈袋中冷凍。由於麵糰十分柔軟，因此最好收納在盒子內，再放入冰箱冷凍，以避免壓擠到變形。一般貝果建議最佳賞味期限為 **2** 天，麵糰冷凍可保存約 **1～3** 天。千萬不要冷藏，貝果容易老化。

另外，解凍也很簡單，不需退冰，直接進入貝果的水煮模式即可。

08 | 水煮

準備 **2000CC** 的水，加入 **40g** 的蜂蜜。當水煮滾時，鍋底看到起泡，即可放入貝果去燙。水煮貝果麵糰時要注意，水量要能淹過貝果，以免發生沒煮透的情況。而且貝果底部要先朝下煮 **30** 秒後，再翻面煮 **30** 秒，表面才不易被破壞，烤焙時才不會產生縐紋。

呂老師 Note

燙貝果的水是蜂蜜水、鹽水、糖水，哪一個好？

熱的滾水會讓貝果的麵糰表面糊化，並將水分保留在裡面，且烘培時貝果表面才會 Q 韌，咀嚼感也會比較好。貝果的水煮法除了加蜂蜜及糖，使其容易上色外，也可以加鹽，使其口感較為彈 Q。因此建議可多方嘗試，創造出更多貝果風味。

09 | 進行烘焙

用網子撈起貝果將水瀝乾後，放在烤盤上，進入已預熱烤箱，以上下火為 **210** 度烘焙約 **18 ～ 20** 分，即完成。若想均勻上色的話，大約烤 **15** 分鐘即可轉盤，再烤 **3 ～ 5** 分鐘即可出爐。

▶ **TIPS**：在進爐前，也可以為貝果表面作裝飾，先在貝果表面噴水，以增加黏著性。

貝果基本整形手法

貝果麵糰製作完成後,接著是將貝果整形,常見的有基本款、毛巾款及單結款。
前面在貝果整形時,已介紹基本款做操作,因此這裡介紹毛巾款及單結款。

單結款 (P.023)

基本款 (見 P.019)

毛巾款 (見 P.022)

毛巾款

1. 這種整形法強調貝果的 **Q** 度。取一個中間發酵完的小麵糰,用擀麵棍從中間開始上下擀平,以去除麵糰裡多餘的空氣。

2. 擀完後翻面,並將麵糰轉 **90** 度打橫向。

3. 將朝向身體方向的麵糰底部用手指壓薄。

4. 再將麵糰由上往下扣的方式朝內壓實捲起來,最後收口底部朝下。

   ▶ **TIPS**:捲時要注意,要紮實的捲起來,千萬不要將空氣捲入。

5. 將另一邊開口打開。

6. 用兩根手指頭壓住一端開口處。

7. 另一手抓住貝果另一端長形麵糰,開始向順時針方向旋轉約 **3** 圈。

8. 然後將旋轉的尾巴塞進開口處,黏過來。

9. 像包水餃一樣將接縫處收緊,包起來不會散開。

10. 翻至正面光滑面朝上,可以看到 表面旋轉的毛巾花紋,而底部朝下,放置發酵箱或烤盤上,蓋上塑膠袋,進行最後發酵。

單結款 (打結款)

1. 取一個中間發酵完的小麵糰,用擀麵棍從中間開始上下擀平,以去除麵糰裡多餘的空氣。

2. 擀完後翻面,並將麵糰轉 **90** 度打橫向。

3. 將朝向身體方向的麵糰底部用手指壓薄。

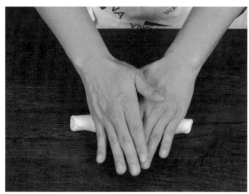

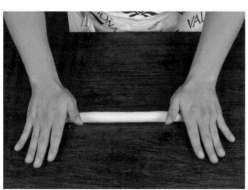

4. 再將麵糰由上往下扣的方式朝內壓實捲起來,最後底部朝下收好。

   ▶ **TIPS**:捲時要注意,要紮實的捲起來,千萬不要將空氣捲入。

5. 用雙手從中間開始向左右兩端均勻搓長。

6. 並將兩端的頭也搓尖形狀。

7. 接著像打單結一樣,用食指將麵糰從中間舉起來,將其中一條長條麵糰圍個圈,繞過另一邊麵糰藏進中間圓洞裡去。

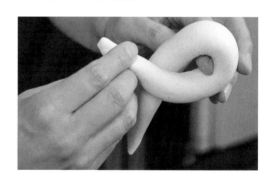

8. 另一端的尖頭也繞另一邊，從後面的洞口穿出來，並將尾巴隱藏進洞裡。

9. 可以看到貝果表面打結的紋路，放置發酵箱或烤盤上，蓋上塑膠袋，進行最後發酵。

貝果常見的包餡方法介紹

在這裡可以發揮想像力，除了可以包入很多材料，創造不同風味的貝果外，還可以運用不同的包裹方式，研發出不同造形的貝果，引發話題哦！一般來說，常見的貝果包餡方法，除了揉入法外（見《手揉麵包教科書》P.48 ～ 73），還有大量包裹、平鋪包裹及盛上等，趕快來看看！

大量包裹法

是指在貝果麵糰在經歷基本發酵及中間發酵後，將麵皮擀開時才放入大量餡料來包裹的方法。一般會把餡料放在擀開麵皮約 1/3 處，且與邊緣留 1 公分左右的空間好捲實包裹的方式。換句話說，就是在整形階段即加入餡料，以包捲在麵糰正中央的包法，為圓捲狀貝果。

無花果蜂蜜貝果，
見 P.046)

平鋪包裹法

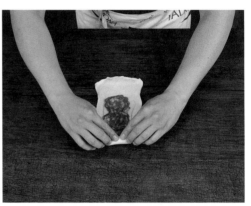

義大利火腿起司
貝果，見 P.086

這也是在貝果整形階段即加入餡料的包裹方法，切面時，會發現餡料會呈現漩渦狀的包裹方式。包裹方式是將麵皮採直式，餡料幾乎填滿麵皮內部，僅留邊緣 1 公分左右包裹封實，以免掉料，為棒狀貝果。

盛上法

取自日文的「盛り上がる」有隆起，鼓起，簡單來說，就是把餡料直接放在麵皮上呈現，有點像披薩的呈現方式。

🧑‍🍳 呂老師 Note

貝果如何保存？

若吃不完，可將貝果放入密封袋或密閉盒子中，進冰箱冷凍，可保存 **7** 天。等下次要吃時，拿出來退冰 **30** 分鐘，然後表面噴水，進烤箱以上下火 **200** 度烤 **3** ～ **4** 分鐘。想要退冰更快的方法，就是可以把冷凍貝果放在預熱烤箱上面，能加速退冰速度。若想要吃表面脆的口感，可以回烤二次。

🧑‍🍳 呂老師 Note

特別大放送
超美味餡料貝果教學影片

https://fb.watch/hEZnB4YOB6/

https://youtu.be/kyqoRCk4tlk

\# 讓你又愛又恨的肥滋滋貝果
\# 好吃到不行的超猛醬料
\# 金桶爆漿蒜香奶油

青蔥魩仔魚 Pizza 貝果，見 P.105
白神小玉浦燒鰻貝果，見 P.141

紮實口感的招牌貝果

紮實版原味貝果 P.036

無花果蜂蜜貝果 P.046

胡桃巧克力貝果
P.054

德國脆腸芥末籽貝果
P.060

柑橘乳酪貝果
P.042

蔓越莓乳酪貝果
P.049

迷迭香起司貝果 P.040

紫實版原味貝果
P.036

海鹽香料培根起司貝果
P.056

蜜紅豆核桃貝果
P.052

煙熏火腿馬鈴薯起司貝果
P.058

紫實版原味貝果～打結版
P.036

義式香料貝果 P.040

紮實的招牌貝果麵糰做法

想要貝果口感紮實，水分含量和麵粉裡蛋白質的比例會決定其膨脹力道跟進入口中的咀嚼口感。所以在製作紮實的招牌貝果，會把水量降低，並在高筋麵粉裡增加灰份（Ash）較高的法國麵包粉來製作，讓高筋麵粉不會過於膨脹，反而會增加屬於貝果的紮實口感。

為了要做出紮實的貝果，這個配方是沒有添加任何的油脂，就是麵粉、水、酵母，加上些許的糖粉來製作而已。

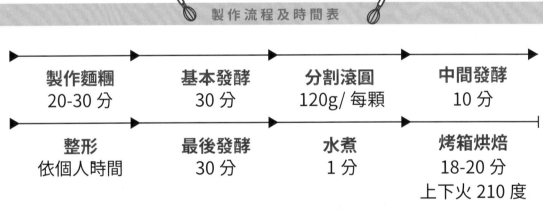

製作流程及時間表

製作麵糰 20-30 分	→	基本發酵 30 分	→	分割滾圓 120g/ 每顆	→	中間發酵 10 分
整形 依個人時間	→	最後發酵 30 分	→	水煮 1 分	→	烤箱烘焙 18-20 分 上下火 210 度

麵糰材料（攪拌機器版）

高筋麵粉 **700g**

法國麵包粉 **300g**

砂糖 **40g**

鹽 **20g**

即發酵母 **6g**

水 **500g**

分量

約 **1566g** 麵糰 **X1** 個

▶ **120g** 貝果約 **13 ～ 14** 個

呂老師 Note

手揉版麵糰材料

高筋麵粉 **350g**

法國麵包粉 **150g**

砂糖 **20g**

鹽 **10g**

即發酵母 **3g**

水 **250g**

分量

約 **783g** 麵糰 **X1** 個

▶ **120g** 貝果約 **6 ～ 7** 個

步驟

🥖 製作麵糰

1. 先將材料準備好。

2. 在攪拌機裡加入高筋麵粉，然後再加入法國麵包粉、砂糖、鹽。

3. 先用低速攪拌 **1** 分鐘，將所有材料全部攪拌均勻。

4. 之後停止攪拌，以便加入酵母。

5. 之後再慢慢加入水，用低速攪拌 **8** 分鐘。

6. 攪拌至聚合成糰的樣子，且麵糰表面光滑不黏手就算完成了。

7. 這時可以從麵糰拉一塊
   出來,看看麵糰的硬度。

   ▶ TIPS: 切記貝果的麵
   糰不需打到薄膜或太細
   柔,會影響口感。

 呂老師 Note

可用麵包機攪拌

也可以用麵包機揉,只要用一般速度即可,因為貝果是水分少的麵糰不必用到高速。

🥖 **基本發酵**

8. 將整塊麵糰從攪拌鋼內
   取出。

   ▶ TIPS:若是手揉,從麵
   糰聚合後,再揉 8 ～ 10
   分鐘(約 300 次左右)
   即會呈現光滑表面。

9. 壓緊滾圓。

10. 放入鋼盆，覆蓋保鮮膜，進入發酵箱以溫度 **28**°C、濕度 **75** 度，進行基本發酵 **30** 分鐘。

分割滾圓

11. 基本發酵完後，將麵糰輕揉成長形。

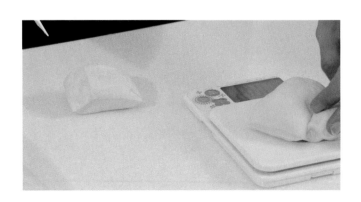

12. 再用切麵刀切成 **120g** 一顆的大小。

13. 此配方應可切分 13 等份。

 ▶ TIPS：若分割後有多餘麵糰，請平均分配至其他小麵糰。

🥖 中間發酵

14. 用手滾圓後，放入發酵箱排列整齊。

15. 再進行中間發酵 10 分鐘，即可進行貝果加料或整形的製作囉！

 ▶ TIPS：若無發酵箱也可以用一般塑製收納箱或保麗龍盒取代，記得要在內部放一杯熱水。

出爐秒殺！

紮實版原味貝果

材料

紮實招牌貝果麵糰 ⋯⋯⋯ **120g ／ 1 份**

▶配方及製作方式請見 **P.030**

水煮材料

水 ⋯⋯⋯⋯⋯⋯⋯⋯⋯⋯ **2000CC**
蜂蜜 ⋯⋯⋯⋯⋯⋯⋯⋯⋯ **40g**

120gX1 個

210 度

18~20 分

步驟

進行整形

1. 取 **P.035** 已中間發酵完成的小麵糰，用擀麵棍從中間開始，往上下擀平，以去除麵糰裡多餘的空氣。

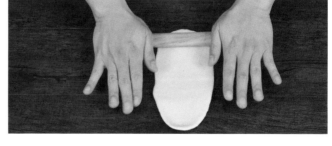

2. 擀完後翻面，並將麵糰轉 **90** 度打橫向。

3. 將朝向身體方向的麵糰底部用手指壓薄。

4. 再將麵糰由上往下扣的方式朝內壓實捲起來，最後底部朝下收好。

   ▶ TIPS：每捲一圈就用雙手手指用力壓緊，以免產生空隙。

5. 底部朝下，並從右半邊開始向外搓長，呈現一邊大一邊小的長尾狀。

6. 翻面將收底朝上，並將左手邊的大口打開，將右手邊的尾巴放入。

7. 像包水餃一樣將接縫處收緊。

最後發酵

8. 翻至光滑面朝上，收口底部朝下，放置發酵箱或烤盤上，蓋上塑膠袋，進行最後發酵 **30** 分鐘。

水煮貝果

9. 準備 **2000CC** 的 水，加入 **40g** 的 蜂 蜜。當水煮滾起泡時，就可放入貝果。

   ▶ **TIPS**：下鍋之前一定要注意貝果是緊實不會露餡或散開的狀態。

10. 一邊煮 **30** 秒後，再翻面煮 **30** 秒。

11. 撈起來將貝果的水瀝乾。

烤箱烘焙

12. 放在烤盤上，進入已預熱烤箱，以上下火為 **210** 度烘焙約 **18 ～ 20** 分，即完成。

Part 1 紮實口感的招牌貝果

義式香料貝果 VS. 迷迭香起司貝果

義式香料貝果

迷迭香起司貝果

義式香料貝果

材料

紮實招牌貝果麵糰⋯⋯⋯⋯**120g ／ 1 份**
　▶配方及製作方式請見 **P.030**
義式香料⋯⋯⋯⋯⋯⋯⋯⋯⋯⋯少許

水煮材料

水⋯⋯⋯⋯⋯⋯⋯⋯⋯⋯⋯**2000CC**
蜂蜜⋯⋯⋯⋯⋯⋯⋯⋯⋯⋯⋯⋯**40g**

迷迭香起司貝果

材料

紮實招牌貝果麵糰⋯⋯⋯⋯**120g ／ 1 份**
　▶配方及製作方式請見 **P.030**
乾燥迷迭香⋯⋯⋯⋯⋯⋯⋯⋯⋯少許
披薩乳酪絲⋯⋯⋯⋯⋯⋯⋯⋯⋯少許

水煮材料

水⋯⋯⋯⋯⋯⋯⋯⋯⋯⋯⋯**2000CC**
蜂蜜⋯⋯⋯⋯⋯⋯⋯⋯⋯⋯⋯⋯**40g**

120gX1 個　　　210 度　　　18~20 分

步驟

1. 取一塊已中間發酵完成的小麵糰，用擀麵棍從中間開始，往上下擀平，去除空氣。

   ▶ TIPS：詳細步驟圖可參考前面的「紮實版原味貝果」（P.036）。

2. 擀完後翻面，轉 90 度打橫向擺放。

3. 將朝向身體方向的麵糰底部用手指壓薄。

4. 麵糰由上往下摺，朝內壓實的捲起來，最後將收口的底部朝下。

   ▶ TIPS：每捲一圈就用雙手手指用力壓緊，以免產生空隙。

5. 底部朝下，並從右半邊開始向外搓長，呈現一邊大一邊小的長尾狀。

6. 翻面將收底朝上，並將左手邊的大口打開，將右手邊的尾巴放入，並像包水餃一樣將接縫處捏實收緊。

7. 再翻面使光滑面朝上，並蓋上保鮮膜進行最後發酵 30 分鐘。

8. 準備 2000CC 的水，加入 40g 的蜂蜜。當水煮滾時，轉中小火，再放入整形好的貝果，約 30 秒翻面，再燙 30 秒起鍋。

   ▶ TIPS：關於貝果水煮方式，請參考 P.020。

9. 將已燙過貝果的其中之一表面撒上義式香料。

10. 另一個已燙過貝果的洞口塞入披薩乳酪絲，並在表面撒上迷迭香。

11. 放入預熱烤箱，上下火 210 度烤焙 18 ～ 20 分鐘即完成。

柑橘乳酪貝果

120gX1 個

210 度

18~20 分

材料

紮實招牌貝果麵糰	**120g／1** 份

▶配方及製作方式請見 **P.030**

蜜漬橘皮丁	**15g**
奶油乳酪	**20g**
珍珠糖	少許

水煮材料

水	**2000CC**
蜂蜜	**40g**

步驟

1. 準備好貝果麵糰及包餡的材料。

2. 先將麵糰上下擀平。

3. 麵糰擀開後翻過來,轉 **90** 度打橫,將底部用手指壓薄。

4. 在麵糰上半處均勻塗抹奶油乳酪,邊緣要留 **1** 公分左右以便包裹。

   ▶ **TIPS**:注意乳酪儘量集中在中間,不要沾到手及麵糰邊邊,以免包裹時,麵糰不易黏合。

5. 在放上蜜漬柑橘皮丁。

   ▶ **TIPS**:切記要餡料固定其上,往橫向緊貼並排,不留空隙。

6. 然後用雙手一邊按壓麵糰與餡料，一邊往內捲起，將餡料壓實的包起來。

  ▶ TIPS：在包裹時，千萬不要沾到乳酪餡料，以免包裹不紮實，後續進行燙麵時會容易爆漿或散開！

7. 為了避免餡料在包捲的過程中掉出來，按壓麵團的兩側予以包裹。

8. 捲 3 次成條狀，並將麵糰壓實收尾，且收口處朝下放置。

  ▶ TIPS：每捲 1 次就用手指用力壓緊，以免產生空隙。

9. 從條狀麵糰的一半開始向外搓長，只搓一邊以便呈現一邊大一邊小的長尾狀。

10. 將一邊的大口打開，將另一邊尾巴放入，像封水餃皮一樣壓實收口，並翻面整形。

11. 接著蓋上保鮮膜，進入最後 **30** 分鐘的發酵動作，再進行水煮動作（見 **P.020**）。

12. 進烤箱前，可將珍珠糖放於貝果上裝飾，再送入烤箱 **210** 度烘焙 **18** ～ **20** 分鐘即完成。

  ▶ TIPS：造形翻糖則可在烘烤出來後，待貝果表面已涼，再放上作裝飾。

呂老師 Note

翻糖裝飾自己做

翻糖是一種由糖、水、明膠、植物脂肪或起酥油以及甘油製成的,常用於裝飾或雕刻蛋糕和糕點的糖衣。在這裡,運用市售的糖衣材料及模型,自己也可以簡單製作出裝飾貝果的彩色翻糖造形。

切麵刀　　　　　　　　　　　　　　　　半圓型矽膠模　　白色捏塑翻糖

翻糖花草模型

塑製擀麵棍

食用色素（黃、綠、紅）

翻糖染色

1. 為避免黏手,雙手先帶塑膠手套,並用切麵刀從市售 **1Kg** 白色翻糖材料裡切約 **100g** 下來使用。

2. 用手揉捏成中方形,並使中間凹陷。

3. 在翻糖中間倒入適量紅色色素粉。

4. 將色素包裹起來,並用雙手開始揉製。

5. 將色素揉進翻糖內,均勻上色後,揉成圓形備用。

製作葉子翻糖

1. 在桌上撒些玉米粉,避免黏手及桌面。

2. 將圓形的綠色翻糖均勻擀平,大約 **0.3** 公分的厚度。

3. 拿出葉子模型,在擀平的翻糖上壓膜。

4. 拿出美工刀在葉子上壓出葉脈。

製作花朵翻糖

1. 運用與製作葉子翻糖一樣的方式,製作花朵翻糖:擀平壓膜。

2. 將白色翻糖搓成小顆顆小圓球,壓平做花蕊,黏貼在花朵正中央。

3. 做好造形的翻糖可放置在半圓型矽膠模中,等要使用再取出。

品嘗夏天風味

無花果蜂蜜貝果

120gX1 個

210 度

18~20 分

材料

紮實招牌貝果麵糰	120g ／	1 份

▶配方及製作方式請見 P.030

無花果乾	20g
蜂蜜丁	10g
亞麻子	少許

水煮材料

水	2000CC
蜂蜜	40g

步驟

1. 準備好貝果麵糰及包餡材料。

2. 將中間發酵的 120g 小麵糰上下擀開。

3. 翻面並轉 90 度為橫向,並在麵糰下方底部用手指壓薄。

4. 在跟離麵糰上方約 1 公分處先擺上無花果 20g。

5. 再均勻撒上蜂蜜丁 10g。

6. 拉著麵糰上緣緊實將餡料包裹起來。

7. 然後再捲三褶，最後將麵糰壓實收尾。

8. 從 1/2 處將另一端搓成尖尖尾巴狀

9. 用二根手指頭將另一頭的口打開，另一手抓著尾部向逆時針方向轉三圈，就變成毛巾捲。

10. 然後把底部尖尖尾把放入開口處，包起來捏緊，以確認不會掉餡。

11. 即可蓋上保鮮膜，進入最後發酵 **30** 分鐘，再進行水煮燙麵動作（請見 **P.020**）。

12. 進烤箱前，在貝果表面刷水，撒上亞麻子裝飾，再送入烤箱 **210** 度烘焙 **18** 〜 **20** 分鐘即完成。

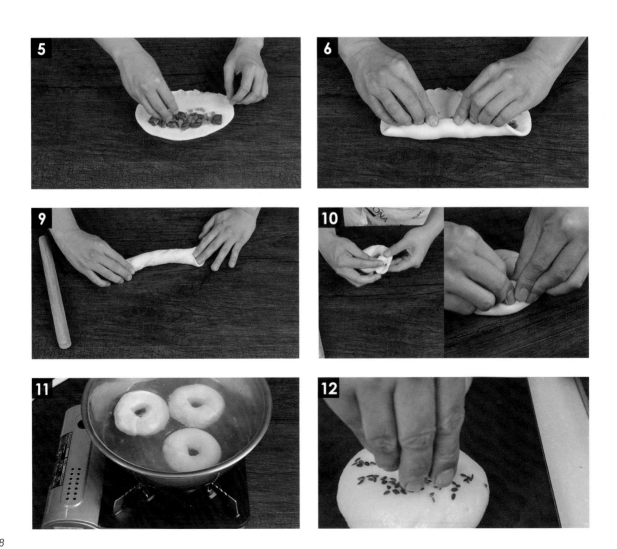

蔓越莓乳酪貝果

酸甜好滋味

材料		水煮材料	
紮實招牌貝果麵糰120g ／ 1 份		水	2000CC
▶配方及製作方式請見 P.030		蜂蜜	40g
蔓越莓乾	15g		
奶油乳酪	20g		
珍珠糖	少許		
奶油乳酪	少		

 120gX1 個　　 210 度　　 18~20 分

步驟

1. 準備好貝果麵糰及包餡的材料。

2. 先將麵糰上下擀平。

3. 麵糰像這樣子擀開之後翻過來，並轉 90 度打橫，將朝向身體方向的麵糰底部用手指壓薄。

4. 在麵糰中間均勻塗抹奶油乳酪。

   ▶ TIPS：注意乳酪儘量集中在中間，不要沾到麵糰邊邊，以免等一下包裹時，麵糰不易黏合。

5. 均勻放上蔓越莓乾。

6. 然後拉著麵糰上緣往內摺一褶將餡料壓實的包起來。

7. 並按壓麵糰的兩側以便包覆起來，避免餡料在製作過程中流出來。

   ▶ TIPS：在第一次包覆時，千萬不要沾到乳酪餡料，以免包裹不紮實，進行燙麵時會爆漿或散開！

8. 然後再捲三褶，捲成棒狀，並在最後將麵糰壓實收尾，同時將收口處朝下放置。

9. 取麵糰一半，並從右半邊開始向外搓長，呈現一邊大一邊小的長尾狀。

10. 然後將左手邊的大口打開，將右手邊的尾巴放入，像封水餃皮一樣壓實收口，並翻面整形。

11. 接著底部朝下，蓋上保鮮膜，進入最後 30 分鐘的發酵動作，再進行水煮（參見 **P.020**）。

12. 進烤箱前，在貝果表面刷水，然後撒點珍珠糖及亞麻子裝飾，再送入烤箱 210 度烘焙 18 ～ 20 分鐘即完成。

蜜紅豆核桃貝果

實在又美味

材料		水煮材料	
紮實招牌貝果麵糰	120g ／ 1 份	水	2000CC
▶配方及製作方式請見 P.030		蜂蜜	40g
蜜紅豆粒	20g		
核桃	10g		
二砂糖	少許		

120gX1 個 　　　210 度 　　　18~20 分

步驟

1. 準備好貝果麵糰及包餡的材料。

2. 將中間發酵的 **120g** 小麵糰上下擀開。

3. 翻面並轉 **90** 度為橫向,並在麵糰下方底部用手指壓薄。

4. 在跟離麵糰上方約 **1** 公分處先擺上核桃。

   ▶ TIPS:若核桃太大塊可以先剝小,以方便後續包裹。

5. 再均勻鋪上蜜紅豆。

6. 拉著麵糰上緣緊實將餡料包裹起來。

7. 然後再捲三褶,最後將麵糰壓實收尾。

8. 從 **1/2** 處將另一端搓成尖尖尾巴狀。

9. 然後把底部尖尖尾把放入開口處,包起來捏緊,以確認不會掉餡。

10. 即可蓋上保鮮膜,進入最後發酵 **30** 分鐘,再進行水煮燙麵動作 (請見 **P.020**)。

11. 烤前,在貝果撒上二砂糖裝飾,再送入烤箱 **210** 度烘焙 **18 ～ 20** 分鐘即完成。

Part 1

紮實口感的招牌貝果

胡桃巧克力貝果

有布朗尼味道

材料

紮實招牌貝果麵糰	120g ／ 1 份
▶配方及製作方式請見 P.030	
苦甜 50% ～ 60% 巧克力豆	20g
胡桃	15g
中雙糖	少許

水煮材料

水	2000CC
蜂蜜	40g

120gX1 個　　210 度　　18~20 分

步驟

1. 請準備好貝果麵糰及包餡材料。

   ▶ **TIPS**：胡桃最好先烤過。

2. 將中間發酵的 **120g** 小麵糰上下擀開。

3. 翻面並轉 **90** 度為橫向，並在麵糰下方底部用手指壓薄。

4. 在跟離麵糰上方約 **1** 公分處先擺上胡桃。

   ▶ **TIPS**：若胡桃太大塊可以先剝小，以方便後續包裹。

5. 再均勻鋪上巧克力豆。

6. 拉著麵糰上緣緊實將餡料包裹起來。

7. 巧克力屬於會流動的餡料，兩邊也要摺進來，將餡料緊緊包裹不留縫。

8. 然後再捲三褶，將麵糰壓實收尾，並將底部朝下。

9. 從 **1/2** 處將另一端搓成尖尖尾巴狀。

10. 然後把底部尖尖尾把放入開口處，包起來捏緊，以確認不會餡流出來。

11. 即可蓋上保鮮膜，進入最後發酵 **30** 分鐘，再進行水煮燙麵動作（見 **P.020**）。

12. 烤前，在貝果撒上中雙糖裝飾，再送入烤箱 **210** 度烘焙 **18** ～ **20** 分鐘即完成。

120gX1 個　　210 度　　18~20 分

海鹽香料培根
起司貝果

鹹香好滋味

材料

紮實招牌貝果麵糰	**120g ／ 1** 份
▶配方及製作方式請見 **P.030**	
培根	**20g**
高溫乳酪丁	**10g**

義式香料	少許
海鹽	少許

水煮材料

水	**2000CC**
蜂蜜	**40g**

步 驟

1. 準備好貝果麵糰及包餡材料！

2. 將中間發酵的 **120g** 小麵糰上下擀開。

3. 翻面並轉 **90** 度為橫向，並在麵糰下方底部用手指壓薄。

4. 在麵糰中間均勻撒上義式香料。

5. 再將切好的 **2** 公分見方培根均勻鋪上在麵糰及香料上。

6. 最後把乳酪丁鋪在麵糰正中央。

7. 由於料多且體積大，因此即拉著麵糰上緣摺一半在餡料上，然後再摺一次將所有餡料包裹起來，並壓實，以免內餡跑出來。

8. 然後再捲摺一次，將麵糰壓實收尾，並將底部朝下。

9. 從 **1/2** 處將另一端搓成尖尖尾巴狀。

10. 然後把底部尖尖尾把放入開口處，包起來捏緊，以確認不會餡流出來。

11. 即可蓋上保鮮膜，進入最後發酵 **30** 分鐘，再進行水煮動作（見 **P.020**）。

12. 烤前，在貝果表面撒上海鹽裝飾，再送入烤箱 **210** 度烘焙 **18 ～ 20** 分鐘即完成。

煙熏火腿
馬鈴薯起司貝果

 120gX1 個 210 度 18~20 分

材料

紮實招牌貝果麵糰	120g ／1 份
▶配方及製作方式請見 P.030	
煙熏火腿	10g
熟馬鈴薯丁	20g
乾燥迷迭香	少許
披薩乳酪絲	少許

水煮材料

水	2000CC
蜂蜜	40g

牽絲滿滿

1. 請準備好貝果麵糰及包餡材料。

2. 將中間發酵的 **120g** 小麵糰上下擀開。

3. 翻面並轉 **90** 度為橫向,並在麵糰下方底部用手指壓薄。

4. 在麵糰中間均勻撒上乾燥的迷迭香。

5. 再將切好 **1** 公分大小的煙燻火腿鋪在上面。

6. 最後把熟的馬鈴薯丁鋪在其上。

7. 接著拉著麵糰上緣,以 **1/2** 褶方式將所有餡料包裹起來。

8. 然後再捲褶一次,將麵糰壓實收尾,並將底部朝下。

9. 由於馬鈴薯方方正正又很堅挺,無論是捲的或搓的造形,都很容易將麵糰刺破,因此只要搓尾端比較沒有馬鈴薯的地方,製作出尖尖的尾端。

   ▶ TIPS:若有感覺搓起來不順手,可以推一下馬鈴薯至中間,以便留出空間搓出尖尾出來。

10. 搓完之後,把另一頭打開來,將尖尖的麵團塞進去,包起來捏緊,以確認餡料不會掉出來即可。

11. 然後將底部朝下,蓋上保鮮膜,進入最後發酵 **30** 分鐘,再進行水煮動作(請參見 **P.020**)。

12. 進烤箱前,先在貝果中間洞口撒上披薩乳酪絲,然後再撒上一些迷迭香。

    ▶ TIPS:若貝果表面乾燥,可先噴水使之濕潤,再做裝飾。

13. 送入烤箱,以 **210** 度烘焙 **18** ～ **20** 分鐘即完成。

德國脆腸
芥末籽貝果

就是好吃

材料

紮實招牌貝果麵糰 ── **120g ／ 1** 份

▶ 配方及製作方式請見 **P.030**

德國脆腸 (切段) ──────── **20g**

芥末籽醬 ────────────── **5g**

義式香料 ──────────── 少許

七味粉 ───────────── 少許

海鹽 ─────────────── 少許

水煮材料

水 ─────────────── **2000CC**

蜂蜜 ──────────────── **40g**

120gX1 個　　**210** 度　　**18~20** 分

步驟

1. 請準備好貝果麵糰及包餡材料。

2. 將中間發酵的 **120g** 小麵糰上下擀開。

3. 翻面並轉 **90** 度為橫向,並在麵糰下方底部用手指壓薄。

4. 在麵糰距離上緣 **1** 公分處均勻塗抹芥末籽醬。

5. 再將切成一段段的德國脆腸鋪在芥末籽醬上面。
   ▶ TIPS:小心芥末籽醬別沾到麵糰邊緣,以免不好黏合。

6. 接著拉著麵糰上緣,以褶壓方式將所有餡料包裹起來。

7. 並將兩邊的開口向內褶,以免餡料流出來。

8. 然後再捲褶一次,將麵糰壓實收尾,並將底部朝下。

9. 在 **1/2** 處的另一邊搓出尖尖的尾端。

10. 搓完之後,把另一頭打開來,將尖尖麵糰塞入,包起來捏緊,以確認餡料不會掉出來即可。

11. 然後將底部朝下,蓋上保鮮膜,進入最後發酵 **30** 分鐘,再進行水煮燙麵動作(見 **P.020**)。

12. 進烤箱前,先在貝果表面撒上義式香料、七味粉及海鹽,即可送入烤箱,以 **210** 度烘焙 **18 ~ 20** 分鐘即完成。

軟 Q 口感的人氣貝果

海鹽胡桃花生貝果
P.080

核桃乳酪起司貝果
P.076

軟 Q 版原味
貝果 P.068

亞麻子貝果 P.072

義大利火腿起司貝果
P.086

芒果乾乳酪貝果 P.078

白芝麻貝果
P.072

巧克力夏威夷豆貝果
P.082

綜合胡麻貝果 P.072

台式香腸起司貝果
P.084

黑芝麻貝果
P.072

軟 Q 人氣貝果麵糰做法

不同於傳統貝果紮實有嚼勁的口感，軟 Q 的貝果麵糰因加入少許的橄欖油，使麵糰的水分較高，做出來的貝果口感較軟且具有彈性。在本書使用的是特級初榨橄欖油（Extra Virgin Olive Oil），是以冷壓壓榨技術保留橄欖營養，風味帶點橄欖的草果香以及微微辛辣感，可增添麵糰豐富香氣。若沒有，也可以使用一般的橄欖油，或一般油脂類如無鹽奶油、玄米油、葵花籽油來取代。

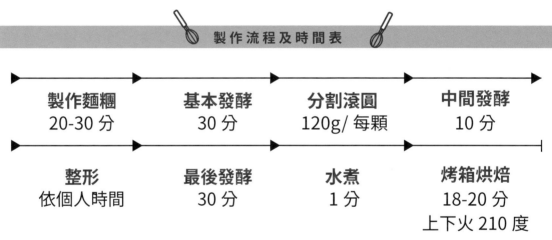

製作流程及時間表

製作麵糰	基本發酵	分割滾圓	中間發酵
20-30 分	30 分	120g/ 每顆	10 分

整形	最後發酵	水煮	烤箱烘焙
依個人時間	30 分	1 分	18-20 分
			上下火 210 度

麵糰材料（攪拌機器版）

高筋麵粉	**1000g**
鹽	**16g**
砂糖	**60g**
即發酵母	**6g**
水	**530g**
初榨橄欖油	**40g**

分量

約 **1652g** 麵糰 **X1** 個

▶ **120g** 貝果約 **13 ～ 14** 個

🧑‍🍳呂老師 Note

手揉版麵糰材料

高筋麵粉	**500g**
鹽	**8g**
砂糖	**30g**
即發酵母	**4g**
水	**265g**
初榨橄欖油	**20g**

分量

約 **827g** 麵糰 **X1** 個

▶ **120g** 貝果約 **6 ～ 7** 個

步驟

🥖 混合材料，製作麵糰

1. 先將材料準備好。

2. 然後再依序加入砂糖、鹽。

3. 再加入酵母，並用慢速（低速）攪拌 **1** 分鐘，將粉類攪拌均勻。

4. 之後再慢慢加入水及初榨橄欖油，一樣再用慢速（低速）攪拌**8**分鐘。

5. 當麵糰聚合成糰，且表面光滑不黏手就算完成了。

6. 可取一塊小麵糰拉扯看看，呈現薄膜且有鋸齒狀即可。

　▶ TIPS：貝果是不需要筋性太好的麵包，跟紮實貝果麵糰不一樣，這裡可以看出有一點筋性。

⌇ 基本發酵

7. 將整塊麵糰從攪拌鋼內取出，壓緊滾圓。

　▶ TIPS：若是手揉，從麵糰聚合後，再揉**8**～**10**分鐘（約**300**次左右）即會呈現光滑表面。

8. 揉到表面光滑即可。

9. 放入鋼盆，覆蓋保鮮
   膜，進發酵箱以溫度
   28°C、濕度**75**度，進
   行基本發酵**30**分鐘。
   ▶ TIPS：若無發酵箱也
   可以用一般塑製收納箱
   或保麗龍盒取代，記得
   要在內部放一杯熱水。

⊂▭▭◗ 分割滾圓

10. 基本發酵完後，將麵糰
    輕揉成長形。

11. 再用切麵刀切成 **120g**
    一顆的大小，約 **13** 等
    份。

⊂▭▭◗ 中間發酵

12. 用手滾圓後，再進行中
    間發酵**10**分鐘，即可進
    行貝果加料或整形的製
    作囉！

軟 Q 版
原味貝果

出爐秒殺！

材料

軟 Q 貝果麵糰 ──────── **120g ／ 1 份**
　▶配方及製作方式請見 **P.064**

水煮材料

水 ──────────────── **2000CC**
蜂蜜 ─────────────── **40g**

120gX1 個

210 度

18~20 分

步驟

🥖 **進行整形**

1. 取 **P.067** 已中間發酵完成的小麵糰，用擀麵棍從中間開始，往上下擀平，以去除麵糰裡多餘的空氣。

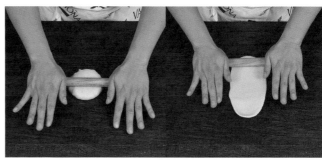

2. 擀完後翻面，並將麵糰轉 **90** 度打橫向。

3. 將朝向身體方向的麵糰底部用手指壓薄。

4. 麵糰由上往下摺，朝內壓實的捲起來，最後將收口的底部朝下。

    ▶ TIPS：每捲一圈就用雙手手指用力壓緊，以免產生空隙。

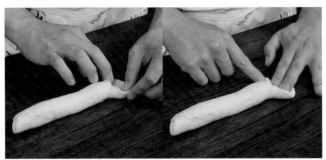

5. 這裡示範貝果呈現毛巾狀的整形方法。先貝果將另一邊開口打開，並用兩根手指頭壓住。

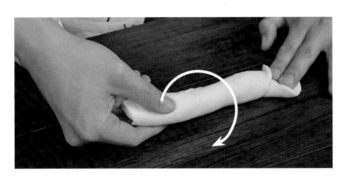

6. 另一手抓住貝果麵糰另一端，開始向順時針方向旋轉約 3 圈。

7. 然後將旋轉完的尾巴端塞進開口處黏起來。

8. 一樣像包水餃將接縫處收緊，以免散開。

最後發酵

9. 翻至光滑面朝上，可以看到表面旋轉的毛巾花紋。收口底部朝下，放置發酵箱或烤盤上，蓋上塑膠袋，進行最後發酵 **30** 分鐘。

   ▶ **TIPS**：若來不及處理，可在此步驟將貝果麵糰冷凍，相關方法請參考 **P.019**。

水煮貝果

10. 準備 **2000CC** 的水，加入 **40g** 的蜂蜜。當水煮滾起泡時，就可放入貝果。一邊煮 **30** 秒後，再翻面煮 **30** 秒。

烤箱烘培

11. 撈起來將貝果的水瀝乾後，放在烤盤上排列整齊，放入烤箱，上下火為 **210** 度烘焙約 **18 ～ 20** 分，即完成。

    ▶ **TIPS**：若進烤箱前，貝果表面已呈現乾燥時，最好先噴水再進烤箱。

四款口味一次滿足的穀物貝果

白芝麻貝果

亞麻子貝果

黑芝麻貝果

綜合胡麻貝果

白芝麻貝果

材料

軟 Q 貝果麵糰————**120g ╱ 1** 份
▶配方及製作方式請見 **P.064**
白芝麻————————**20g**

水 煮 材 料

水————————**2000CC**
蜂蜜————————**40g**

120gX1 個

210 度

18~20 分

步 驟

1. 取一塊已中間發酵完成的小麵糰,用擀麵棍從中間開始,往上下擀平,去除空氣。

2. 擀完後翻面,轉 **90** 度打橫向擺放。

3. 將朝向身體方向的麵糰底部用手指壓薄。

4. 麵糰由上往下摺,朝內壓實的捲起來,最後將收口的底部朝下。
   ▶ **TIPS**:每捲一圈就用雙手手指用力壓緊,以免產生空隙。

5. 底部朝下,並從右半邊開始向外搓長,呈現一邊大一邊小的長尾狀。

6. 翻面將收底朝上,並將左手邊的大口打開,將右手邊的尾巴放入,並像包水餃一樣將接縫處捏實收緊。

7. 再翻面使光滑面朝上,並蓋上保鮮膜進行最後發酵 **30** 分鐘。

8. 準備 **2000CC** 的水,加入 **40g** 的蜂蜜。當水煮滾時,轉中小火,再放入整形好的貝果,約 **30** 秒翻面,再燙 **30** 秒起鍋。
   ▶ **TIPS**:關於貝果水煮方式,請參考 **P.020**。

9. 再拿一個鋼盆裝白芝麻,將燙過的貝果表面放入盆內沾滿白芝麻拿起,放在烤盤上排列。

10. 放入預熱烤箱,上下火 **210** 度烤焙 **18 ～ 20** 分鐘即完成。

黑芝麻貝果

材料

軟 Q 貝果麵糰	**120g ／ 1** 份
▶配方及製作方式請見 **P.064**	
黑芝麻	**20g**

水煮材料

水	**2000CC**
蜂蜜	**40g**

亞麻子貝果

材料

軟 Q 貝果麵糰	**120g ／ 1** 份
▶配方及製作方式請見 **P.064**	
亞麻子	**20g**

水煮材料

水	**2000CC**
蜂蜜	**40g**

步驟

1. 取一塊已中間發酵完成的小麵糰，用擀麵棍從中間開始，往上下擀平，去除空氣。

2. 擀完後翻面，轉 **90** 度打橫向擺放。

3. 將朝向身體方向的麵糰底部用手指壓薄。

4. 麵糰由上往下摺，朝內壓實的捲起來，最後將收口的底部朝下。

5. 底部朝下，並從右半邊開始向外搓長，呈現一邊大一邊小的長尾狀。
   ▶ **TIPS**：每捲一圈就用雙手手指用力壓緊，以免產生空隙。

6. 翻面將收底朝上，並將左手邊的大口打開，將右手邊的尾巴放入，並像包水餃一樣將接縫處捏實收緊。

7. 再翻面使光滑面朝上，並蓋上保鮮膜進行最後發酵 **30** 分鐘。

綜合胡麻貝果

材料

軟 Q 貝果麵糰	120g／1 份
▶配方及製作方式請見 P.064	
黑芝麻	10g
白芝麻	10g
亞麻子	10g

水煮材料

水	2000CC
蜂蜜	40g

8. 準備 **2000CC** 的水，加入 **40g** 的蜂蜜。當水煮滾時，轉中小火，再放入整形好的貝果，約 **30** 秒翻面，再燙 **30** 秒起鍋。

   ▶ **TIPS**：關於貝果水煮方式，請參考 **P.020**。

9. 接下來，拿二個鋼盆分別裝黑芝麻及亞麻子，並趁燙過的貝果表面還是濕的，各沾 **1 ～ 2** 個貝果，放在烤盤上排列。

10. 之後再將白芝麻、黑芝麻及亞麻子全都倒在一鍋，再將剩下的貝果表面沾上，就為胡麻貝果，並一樣放在烤盤上排列。

    ▶ **TIPS**：貝果表面裝飾除了用沾的，也可以手指捏取材料用撒的，只是密集度沒有用沾的較豐富。

11. 放入預熱烤箱，上下火 **210** 度烤焙 **18 ～ 20** 分鐘即完成。

核桃乳酪起司
貝果

香 Q 帶勁！

材料

軟 Q 貝果麵團	**120g ／ 1 份**

▶配方及製作方式請見 **P.064**

核桃	**15g**
乳酪起司丁	**20g**

水煮材料

水	**2000CC**
蜂蜜	**40g**

120gX1 個

210 度

18~20 分

步驟

1. 準備好材料。

2. 取一塊已中間發酵完成的小麵糰，用擀麵棍從中間開始，往上下擀平，去除空氣。

3. 擀完後翻面，轉 **90** 度打橫向擺放，並將朝向身體方向的麵糰底部用手指壓薄。

4. 在麵糰上依序放上核桃及乳酪起司丁。

5. 然後用麵糰將所有餡料包起來，由上往下摺三褶，像捲起來的樣子，最後將收口的底部朝下。

   ▶ TIPS：每捲一圈就用雙手的手指用力壓緊，以免產生空隙。

6. 底部朝下，並從右半邊開始向外搓長，呈現一邊大一邊小的長尾狀。

   ▶ TIPS：形時要小心，別將麵皮拉破，以免水煮時漏餡。

7. 翻面將收底朝上，並將左手邊的大口打開，將右手邊的尾巴放入，並像包水餃一樣將接縫處捏實收緊。

8. 再翻面使光滑面朝上，並蓋上保鮮膜，進行最後發酵 **30** 分鐘。

9. 準備 **2000CC** 的水，加入 **40g** 的蜂蜜。當水煮滾起泡時，就可放入整形好的貝果，約 **30** 秒翻面，再燙 **30** 秒起鍋。

   ▶ TIPS：於貝果水煮方式，見 **P.020**。

10. 放入預熱烤箱，上下火 **210** 度烤焙 **18** ～ **20** 分鐘即完成。

芒果乾乳酪
貝果

體驗熱帶風情

材料

軟 Q 貝果麵糰	120g ／ 1 份
▶配方及製作方式請見 P.064	
芒果乾	15g
乳酪起司丁	20g
二砂糖	少許

水 煮 材 料

水	2000CC
蜂蜜	40g

120gX1 個　　**210 度**　　**18~20 分**

步驟

1. 準備好材料。其中,芒果乾先切成丁,泡熱水約 **5** 分鐘並瀝乾備用。

2. 取一塊已中間發酵完成的小麵糰,用擀麵棍從中間開始,往上下擀平,去除空氣。

3. 擀完後翻面,轉 **90** 度打橫向擺放,並將朝向身體方向的麵糰底部用手指壓薄。

4. 在麵糰上半處均勻塗抹奶油乳酪,邊緣要留 **1** 公分左右以便包裹。

   ▶ **TIPS**:注意乳酪儘量集中在中間,不要沾到手及麵糰邊邊,以免包裹時,麵糰不易黏合。

5. 再在放上芒果丁。

6. 然後用麵糰將所有餡料一口氣包起來,由上往下摺一摺。

7. 並按壓麵團的兩側予以包裹,以避免餡料在過程中流出來。

   ▶ **TIPS**:面對液態餡料時,就必須將兩端也要封起來。而且在包裹時,麵糰邊邊及手指千萬不要沾到乳酪餡料,以免麵糰黏不緊,後續進行燙麵時會容易爆漿或散開!

8. 捲摺成條狀,並將麵糰壓實收尾,且收口處朝下放置。

9. 從一半開始向外搓長,呈現一邊大一邊小的長尾狀。

10. 然後將一邊的大口打開,將另一邊尾巴放入,像封水餃皮一樣壓實收口。並翻面,將收口朝下,蓋上保鮮膜,進行 **30** 分鐘的最後發酵動作。

11. 準備 **2000CC** 的水,加入 **40g** 的蜂蜜。當水煮滾時,轉中小火,再放入整形好的貝果,約 **30** 秒翻面,再燙 **30** 秒起鍋。

    ▶ **TIPS**:關於貝果水煮方式,見 **P.020**。

12. 進烤箱前,將二砂糖撒在表面裝飾,再送入烤箱以上下火 **210** 度,烘焙 **18 ～ 20** 分鐘即完成。

    ▶ **TIPS**:若貝果表面太乾燥,可以噴水再撒糖。

海鹽胡桃花生
貝果

甜甜鹹鹹超涮嘴

材料		水煮材料	

材料			水煮材料	
軟 Q 貝果麵糰	120g ／ 1 份		水	2000CC
▶配方及製作方式請 P.064			蜂蜜	40g
花生醬	25g			
胡桃	15g			
海鹽	少許			

120gX1 個　　　210 度　　　18~20 分

步 驟

1. 準備好材料。其中，胡桃可先剝碎，以便後續作業。

2. 取一塊已中間發酵完成的小麵糰，用擀麵棍從中間開始，往上下擀平，去除空氣。

3. 擀完後翻面，轉 90 度打橫向擺放，並將朝向身體方向的麵糰底部用手指壓薄。

4. 在麵糰上半處均勻塗抹花生醬，邊緣要留 1 公分左右以便包裹。

5. 再在放上剝碎的胡桃。

6. 然後用雙手一口氣用麵糰將餡料往內壓實的包起來。並將兩邊的口也封起來。

7. 捲成條狀，並將麵糰壓實收尾，且收口處朝下放置。

8. 將另一邊向外搓長，呈現一邊大一邊小的長尾狀。

9. 邊的大口打開，把另一邊尾巴放入壓實收口，並翻面，將底部朝下，蓋上保鮮膜，進行 30 分鐘的最後發酵動作。

10. 準備 2000CC 的水，加入 40g 的蜂蜜。當水煮滾時，轉中小火，再放入整形好的貝果，約 30 秒翻面，再燙 30 秒起鍋。

    ▶ TIPS：關於貝果水煮方式，見 P.020。

11. 進烤箱前，將海鹽撒在表面裝飾，再送入烤箱以上下火 210 度，烘焙 18 ～ 20 分鐘即完成。

    ▶ TIPS：若貝果表面太乾燥，可以噴水再撒海鹽。

軟 Q 口感的人氣貝果

Part 2

巧克力
夏威夷豆貝果

大人小孩都愛

材料		水煮材料	
軟 Q 人氣貝果麵糰	**120g ／ 1 份**	水	**2000CC**
▶配方及製作方式請見 **P.064**		蜂蜜	**40g**
巧克力豆	**10g**		
夏威夷豆	**20g**		
中雙糖	少許		

120gX1 個　　**210 度**　　**18~20 分**

步驟

1. 準準備好材料。

2. 取一塊已中間發酵完成的小麵糰,用擀麵棍從中間開始,往上下擀平,去除空氣。

3. 擀完後翻面,轉 **90** 度打橫向擺放,並將朝向身體方向的麵糰底部用手指壓薄。

4. 在麵糰上半處依序放上巧克力豆及夏威夷豆。

5. 一口氣將餡料壓實包裹起來,摺三褶成條狀。

6. 捲成條狀,並將麵糰壓實收尾,收口處朝下放置。

7. 將另一邊向外搓長,呈現一邊大一邊小的長尾狀。

8. 將一邊的大口打開,把另一邊尾巴放入壓實收口。並

9. 翻面,將底部朝下,蓋上保鮮膜,進行 **30** 分鐘的最後發酵動作。

10. 準備 **2000CC** 的水,加入 **40g** 的蜂蜜。當水煮滾時,轉中小火,再放入整形好的貝果,約 **30** 秒翻面,再燙 **30** 秒起鍋。

    ▶ **TIPS**:關於貝果水煮方式,見 **P.020**。

11. 進烤箱前,將中雙糖撒在表面裝飾,再送入烤箱以上下火 **210** 度,烘焙 **18 ～ 20** 分鐘即完成。

    ▶ **TIPS**:若貝果表面太乾燥,可以噴水再撒糖。

台式香腸起司
貝果

台灣道地味

材料

軟 Q 人氣貝果麵糰	**120g ／ 1 份**
▶配方及製作方式請見 **P.064**	
台式香腸	**25g**
香菜	少許
披薩乳酪絲	**5g**
義式香料	少許

水煮材料

水	**2000CC**
蜂蜜	**40g**

120gX1 個   **210 度**   **18~20 分**

步驟

1. 準備好材料。其中香腸先用油煎過,並切成一小段一小段,以便後續包裹。

2. 取一塊已中間發酵完成的小麵糰,用擀麵棍從中間開始,往上下擀平,去除空氣。

3. 擀完後翻面,轉 **90** 度打橫向擺放,並將朝向身體方向的麵糰底部用手指壓薄。

4. 在麵糰上半處先放上乳酪絲。

5. 再放上煎過小段的香腸。

6. 再放上香菜。

7. 由於餡料體積大,可以用拇指壓著香腸,再將麵糰由上往下壓實包裹起來。

8. 一樣捲褶三褶成條狀,並將麵糰壓實收尾,收口處朝下放置。

9. 因餡料大不易搓揉成長形,因此只要搓尾端成尖尾狀即可。

10. 將一邊的大口打開,把另一邊尾巴放入壓實收口。

11. 翻面,將底部朝下,蓋上保鮮膜,進行 **30** 分鐘的最後發酵動作。

12. 準備 **2000CC** 的水,加入 **40g** 的蜂蜜。當水煮滾時,轉中小火,再放入整形好的貝果,約 **30** 秒翻面,再燙 **30** 秒起鍋。

    ▶ TIPS:關於貝果水煮方式,見 **P.020**。

13. 進烤箱前,將乳酪絲塞入貝果洞口,並在上面撒些義式香料裝飾,再送入烤箱以上下火 **210** 度,烘焙 **18 ~ 20** 分鐘即完成。

義式風味

義大利火腿
起司貝果

120gX1 個

210 度

18~20 分

材料

| 軟 Q 貝果麵糰 | 120g ／ 1 份 |

▶配方及製作方式請見 **P.064**

| 義式風乾沙拉米 (切片) | 15g |
| 莫札瑞拉起司片 (2 片) | 30g |

水煮材料

| 水 | 2000CC |
| 蜂蜜 | 40g |

步驟

1. 準備好材料。

2. 取一塊已中間發酵完成的小麵糰,用擀麵棍從中間開始,往上下擀平,去除空氣。

3. 擀完後直接翻面,將光滑面朝上,並將朝向身體方向的麵糰拉到與中間同寬。

4. 底部一樣用手指壓薄。

5. 再正中央放上一片莫札瑞拉起司片。

6. 在起司片上放入義式風乾沙拉米約 **3**～**4** 片。

7. 由上往下摺起來捲,將餡料紮實的包裹起來。在包裹同時左右兩側也要密封壓實。

8. 一樣將麵糰壓實收尾,並將底部處朝下放置,並左右檢查餡料不會漏出。

9. 整形完成，即蓋上保鮮膜，進行 **30** 分鐘的最後發酵動作。

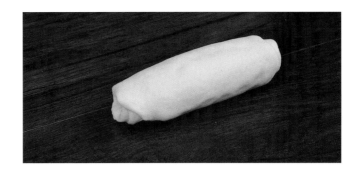

10. 準備 **2000CC** 的水，加入 **40g** 的蜂蜜。當水煮滾時，轉中小火，再放入整形好的貝果，約 **30** 秒翻面，再燙 **30** 秒起鍋。
   ▶ TIPS：關於貝果水煮方式，請見 **P.020**。

11. 進烤箱前，在條狀貝果上等比剪三刀。切記不要剪斷。

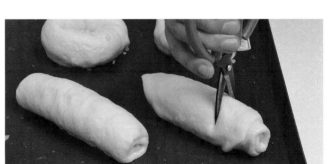

12. 並在上面覆蓋一片莫札瑞拉起司片裝飾，再送入烤箱以上下火 **210** 度，烘焙 **18 ～ 20** 分鐘即完成。

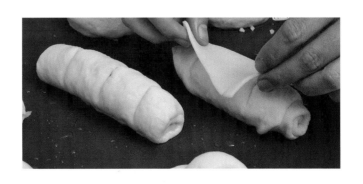

🍳呂老師 Note
什麼是沙拉米？
　「沙拉米（**Salami**）」是一種義大利臘腸，通常以豬肉混合鹽巴、胡椒、香料等數種簡單的食材，灌入腸衣再風乾製成，在乾燥室發酵製成，經過特殊乳酸菌發酵會產生獨特的香氣。常直接切片食用，或者變成沙拉配料。

Part

鬆軟的蜂蜜貝果

珍珠糖蜂蜜貝果
P.102

砂糖蜂蜜貝果
P.102

蜂蜜原味貝果
P.098

中雙糖蜂蜜貝果
P.102

蜜紅豆蜂蜜貝果 P.110

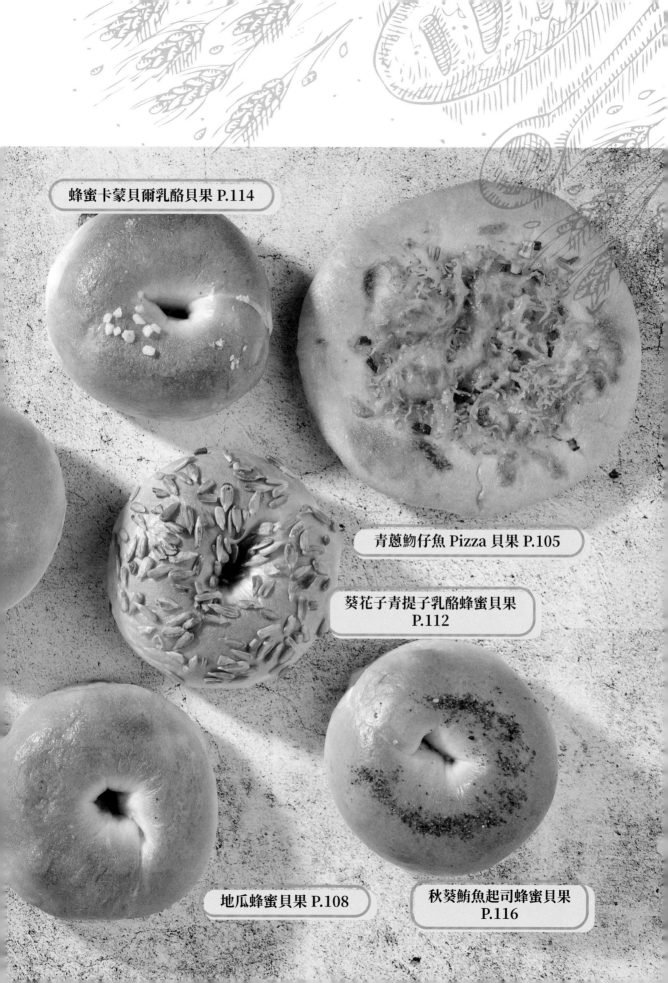

蜂蜜卡蒙貝爾乳酪貝果 P.114

青蔥魩仔魚 Pizza 貝果 P.105

葵花子青提子乳酪蜂蜜貝果
P.112

地瓜蜂蜜貝果 P.108

秋葵鮪魚起司蜂蜜貝果
P.116

鬆軟的蜂蜜貝果
麵糰做法

這幾年,蜂蜜貝果因用蜂蜜取代糖,製作出外脆內軟二種層次的口感,咬下去還帶有淡淡的蜂蜜香氣,而深受消費者的喜愛。由於每 100 克蜂蜜內約含有 17 克水分,因此其製作出來的麵糰保濕性十分好,延展性也較佳,適合製作其他造形貝果。另外,因為本身麵糰就已經有甜味,所以包的餡料盡量是簡單單純就好,反而吃得到貝果才身的食材味及蜂蜜的尾韻。

製作流程及時間表

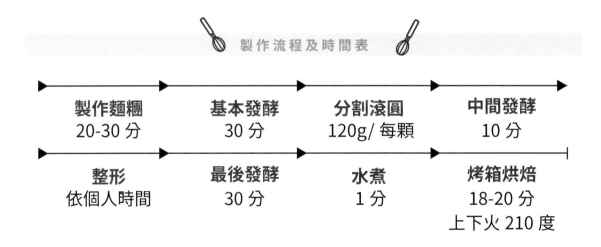

製作麵糰 20-30 分	基本發酵 30 分	分割滾圓 120g/ 每顆	中間發酵 10 分
整形 依個人時間	最後發酵 30 分	水煮 1 分	烤箱烘焙 18-20 分 上下火 210 度

步驟

◖▭◗ 製作麵糰

1. 先將材料準備好,並在攪拌機裡加入過篩好的高筋麵粉。

麵糰材料（攪拌機器版）

高筋麵粉 ⋯⋯⋯⋯⋯⋯ **1000g**

鹽 ⋯⋯⋯⋯⋯⋯⋯⋯⋯ **15g**

即發酵母 ⋯⋯⋯⋯⋯⋯⋯ **6g**

蜂蜜 ⋯⋯⋯⋯⋯⋯⋯ **40g**

水 ⋯⋯⋯⋯⋯⋯⋯⋯ **530g**

初榨橄欖油 ⋯⋯⋯⋯⋯ **40g**

分量

約 **1631g** 麵糰 **X1** 個

▶ **120g** 貝果約 **13 ～ 14** 個

 **呂老師 Note**

手揉版麵糰材料

高筋麵粉 ⋯⋯⋯⋯⋯⋯ **500g**

鹽 ⋯⋯⋯⋯⋯⋯⋯⋯⋯ **7g**

即發酵母 ⋯⋯⋯⋯⋯⋯⋯ **3g**

蜂蜜 ⋯⋯⋯⋯⋯⋯⋯ **20g**

水 ⋯⋯⋯⋯⋯⋯⋯⋯ **280g**

初榨橄欖油 ⋯⋯⋯⋯⋯ **20g**

分量

約 **830g** 麵糰 **X1** 個

▶ **120g** 貝果約 **6 ～ 7** 個

2. 然後再加入鹽，直接以
   慢速攪拌 **30** 秒。

3. 讓鹽散在高筋麵粉裡
   後，就可加入酵母，用
   慢速攪拌一下。

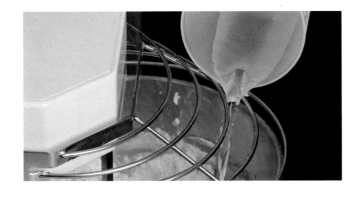

4. 加入水後，再用慢速攪
   拌一下。

5. 再加入蜂蜜。

6. 橄欖油後，再用慢速攪拌 **8** 分鐘。

    ▶ **TIPS**：可用橡皮刮刀輔助，將碗內的蜂蜜清乾淨至麵糰內。

7. 當麵粉聚合成糰，且鋼內沒有乾粉或顆粒狀，表面光滑就算完成了。

8. 可取一塊小麵糰拉扯看看，因為這是比較軟的貝果麵糰，因此拉出來的薄膜會比較精緻，且有鋸齒狀。

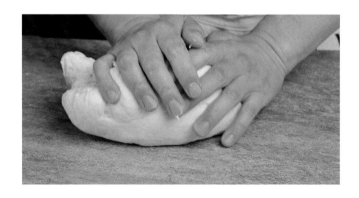

○▭◦ 進行基本發酵

9. 將整塊麵糰從攪拌鋼內取出。

▶ TIPS：若是手揉，從麵糰聚合後，再揉 8 ～ 10 分鐘（約 300 次左右）即可。

10. 壓緊滾圓。

11. 這款是比較軟的麵糰，因此表面不用光滑只要聚合成糰即可。

12. 放入鋼盆，覆蓋保鮮膜，進發酵箱以溫度 **28℃**、濕度 **75** 度，進行基本發酵 **30** 分鐘。

▶ TIPS：無發酵箱也可以用一般塑製收納箱或保麗龍盒取代，記得要在內部放一杯熱水。

⊂▭⊃ 分割滾圓

11. 基本發酵完後，將麵糰輕揉成長形。

12. 再用切麵刀切成 **120g** 一顆的大小，約 **13** 等份。

⊂▭⊃ 中間發酵

13. 用手滾圓後，再進行中間發酵 **10** 分鐘，即可進行貝果加料或整形的製作囉！

蜂蜜原味貝果

外脆內軟

材料

蜂蜜貝果麵糰──**120g ／ 1 份**

▶配方及製作方式請見 **P.092**

水煮材料

水──────────**2000CC**

蜂蜜──────────**40g**

120gX1 個

210 度

18~20 分

步驟

進行整形

1. 取一塊已中間發酵完成的小麵糰，用擀麵棍從中間開始，往上下擀平，去除空氣。

2. 擀完後翻面，轉 **90** 度打橫向擺放。 將朝向身體方向的麵糰底部用手指壓薄。

3. 麵糰由上往下摺，朝內壓實的捲起來，最後將收口的底部朝下。

▶ **TIPS**：每捲一圈就用雙手手指用力壓緊，以免產生空隙。

4. 一樣從中間開始，將另一頭搓尖。

5. 然後將尖尖的尾巴端塞進另一端開口。

6. 像包水餃一樣黏合起來。

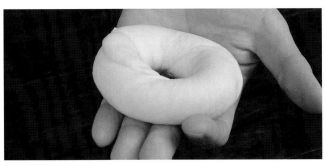

━━○ 最後發酵

7. 一將接縫處收緊，以免散開。

    ▶ TIPS：若來不及處理，可在此步驟將貝果麵糰冷凍，相關方法請參考 P.019。

8. 進行最後發酵 30 分鐘

∝▱∝ 水煮貝果

9. 準備 **2000CC** 的水，加入 **40g** 的蜂蜜。當水煮滾起泡時，就可放入貝果。

10. 一邊煮 **30** 秒後，再翻面煮 **30** 秒。

∝▱∝ 烤箱烘焙

11. 撈起來將貝果的水瀝乾。

12. 放在烤盤上排列整齊，放入烤箱，上下火為 **210** 度烘焙約 **18 ～ 20** 分，即完成。

   ▶ TIPS：若進烤箱前，貝果表面已呈現乾燥時，最好先噴水再進烤箱。

珍珠糖蜂蜜貝果

砂糖蜂蜜貝果

中雙糖蜂蜜貝果

蜂蜜貝果風味三重奏

砂糖蜂蜜貝果

120gX1 個

材料

蜂蜜貝果麵糰⋯⋯⋯⋯**120g**／**1** 份
　▶配方及製作方式請見 **P.092**
二砂糖⋯⋯⋯⋯⋯⋯⋯⋯⋯**20g**

210 度

水煮材料

水⋯⋯⋯⋯⋯⋯⋯⋯⋯⋯**2000CC**
蜂蜜⋯⋯⋯⋯⋯⋯⋯⋯⋯⋯**40g**

18~20 分

Part **3**

鬆軟的蜂蜜貝果

步驟

1. 自 **P.098** 一塊已中間發酵完成的小麵糰，用擀麵棍從中間開始，往上下擀平，去除空氣。

2. 擀完後翻面，轉 **90** 度打橫向擺放。

3. 將朝向身體方向的麵糰底部用手指壓薄。

4. 麵糰由上往下摺，朝內壓實的捲起來，最後將收口的底部朝下。
　▶ **TIPS**：每捲一圈就用雙手手指用力壓緊，以免產生空隙。

5. 底部朝下，並從右半邊開始向外搓長，呈現一邊大一邊小的長尾狀。

6. 翻面將收底朝上，並將左手邊的大口打開，將右手邊的尾巴放入，並像包水餃一樣將接縫處捏實收緊。

中雙糖蜂蜜貝果

珍珠糖蜂蜜貝果

材料

蜂蜜貝果麵糰 120g ／ 1 份
▶配方及製作方式請見 P.092
中雙糖 20g

水煮材料

水 2000CC
蜂蜜 40g

材料

蜂蜜貝果麵糰 120g ／ 1 份
▶配方及製作方式請見 P.092
珍珠糖 20g

水煮材料

水 2000CC
蜂蜜 40g

7. 再翻面使光滑面朝上，並蓋上保鮮膜進行最後發酵 **30** 分鐘。

 ▶ **TIPS**：每捲一圈就用雙手手指用力壓緊，以免產生空隙。

8. 準備 **2000CC** 的水，加入 **40g** 的蜂蜜。當水煮滾時，轉中小火，再放入整形好的貝果，約 **30** 秒翻面，再燙 **30** 秒起鍋。

9. 將剛撈起來的水煮貝果，各自以光滑面分別撒上二砂糖、中雙糖及珍珠糖，並放在烤盤上排列。

10. 送入預熱烤箱，以上下火 **210** 度烤焙 **18** ～ **20** 分鐘，即完成。

青蔥魩仔魚
Pizza 貝果

不用水煮免後發

材料

蜂蜜貝果麵糰 ································ 120g ／ 1 份
　▶ 配方及製作方式請見 P.092
鮂仔魚 ·· 30g
青蔥 ·· 30g
美乃滋 ·· 10g
披薩乳酪絲 ·· 20g

水煮材料

水 ··· 2000CC
蜂蜜 ·· 40g

步驟

120gX1 個

210 度

18~20 分

1. 準備好材料。其中，鮂仔魚要先炒好。青蔥要洗淨後切成蔥花狀備用。

2. 取一塊已中間發酵完成的小麵糰，用擀麵棍從中間開始，上下左右擀開擀平，成扁圓形狀，以去除麵糰裡的空氣。

3. 擀至大約一個大人的手掌大小，即可放入烤盤，準備放置材料。

　▶ TIPS：蜂蜜貝果麵糰較柔軟且延展性比較好，容易塑形，不像紮實及軟 Q 貝果麵糰較堅硬，拉開麵皮還會回彈。

4. 先在麵糰上擠上美乃滋。然後用抹刀均勻塗抹美乃滋，作為食材黏著劑，跟披薩一樣，麵糰邊緣也要留 **1**～**2** 公分寬度不塗抹。

5. 接著依序放上青蔥再放上炒過的魩仔魚。

6. 最後鋪上乳酪絲，不用壓，麵糰也不用再發酵，直接放入烤箱。

7. 進烤箱前，先在表面噴水，再以上下火 **210** 度，烤焙 **15**～**20** 分鐘即可。

地瓜蜂蜜貝果

甜中帶勁

材料

蜂蜜貝果麵糰	**120g ／ 1** 份
▶配方及製作方式請見 **P.092**	
地瓜丁	**30g**
二砂糖	少許 (裝飾)

水煮材料

水	**2000CC**
蜂蜜	**40g**

 120gX1 個　　 **210** 度　　**18~20** 分

步驟

1. 準備好材料。

2. 取一塊已中間發酵完成的小麵糰，用擀麵棍從中間開始，往上下擀平，去除空氣。

3. 擀完後翻面，轉 **90** 度打橫向擺放，並將朝向身體方向的麵糰底部用手指壓薄。

4. 在麵糰上放上地瓜丁。

5. 然後用麵糰將所有餡料包起來，由上往下摺三褶，像捲起來的樣子，最後將收口的底部朝下。

   ▶ TIPS：每捲一圈就用雙手的手指用力壓緊，以免產生空隙。

6. 底部朝下，並從右半邊開始向外搓長，呈現一邊大一邊小的長尾狀。

7. 翻面將收底朝上，並將左手邊的大口打開，將右手邊的尾巴放入，並像包水餃一樣將接縫處捏實收緊。

8. 再翻面使光滑面朝上，並蓋上保鮮膜，進行最後發酵 **30** 分鐘。

9. 準備 **2000CC** 的水，加入 **40g** 的蜂蜜。當水煮滾時，轉中小火，再放入整形好的貝果，約 **30** 秒翻面，再燙 **30** 秒起鍋。

   ▶ TIPS：關於貝果水煮方式，請見 **P.020**。

10. 表面撒上二砂糖，放入預熱烤箱，上下火 **210** 度烤焙 **18 ～ 20** 分鐘即完成。

蜜紅豆蜂蜜貝果

吃到古早味

120gX1 個

210 度

18~20 分

材料

蜂蜜貝果麵糰————120g ／ 1 份
▶配方及製作方式請見 P.092

蜜紅豆————————————30g
中雙糖————————少許 (裝飾)

水 煮 材 料

水————————————2000CC
蜂蜜————————————40g

步 驟

1. 準備好材料。

2. 取一塊已中間發酵完成的小麵糰,用擀麵棍從中間開始,往上下擀平,去除空氣。

3. 擀完後翻面,轉 **90** 度打橫向擺放,並將朝向身體方向的麵糰底部用手指壓薄。

4. 在麵糰上放上蜜紅豆。

5. 然後用麵糰將所有餡料包起來,由上往下摺三褶,邊摺邊壓像捲起來的樣子,最後將收口的底部朝下。

   ▶ TIPS:每摺一圈就用雙手的手指用力壓緊,以免產生空隙。

6. 底部朝下,並從右半邊開始向外搓長,呈現一邊大一邊小的長尾狀。

7. 翻面將收底朝上,並將左手邊的大口打開,將右手邊的尾巴放入,並像包水餃一樣將接縫處捏實收緊。

8. 再翻面使光滑面朝上,並蓋上保鮮膜,進行最後發酵 **30** 分鐘。

9. 準備 **2000CC** 的水,加入 **40g** 的蜂蜜。當水煮滾時,轉中小火,再放入整形好的貝果,約 **30** 秒翻面,再燙 **30** 秒起鍋。

   ▶ TIPS:關於貝果水煮方式,請參考 **P.020**。

10. 表面撒上中雙糖,放入預熱烤箱,上下火 **210** 度烤焙 **18** ～ **20** 分鐘即完成。

葵花子青提子
乳酪蜂蜜貝果

養生好滋味

材料

蜂蜜貝果麵糰	**120g ／ 1** 份
▶配方及製作方式請 **P.092**	
奶油乳酪	**20g**
青提子	**15g**
葵花子	少許（裝飾）

水煮材料

水	**2000CC**
蜂蜜	**40g**

120gX1 個

210 度

18~20 分

步驟

1. 準備好材料。

2. 取一塊已中間發酵完成的小麵糰，用擀麵棍從中間開始，往上下擀平，去除空氣。

3. 擀完後翻面，轉 **90** 度打橫向擺放，並將朝向身體方向的麵糰底部用手指壓薄。

4. 在麵糰上先塗抹奶油乳酪，再均勻放上青提子。

   ▶ TIPS：乳酪儘量集中在中間，不要沾到手及麵糰邊邊，以免包裹時，麵糰不易黏合。

5. 然後用麵糰將所有餡料包起來，由上往下摺三褶，邊摺邊壓像捲起來的樣子，最後將收口的底部朝下。

   ▶ TIPS：每摺一圈就用雙手的手指用力壓緊，以免產生空隙。

6. 底部朝下，並從右半邊開始向外搓長，呈現一邊大一邊小的長尾狀。

7. 翻面將收底朝上，並將左手邊的大口打開，將右手邊的尾巴放入，並像包水餃一樣將接縫處捏實收緊。

8. 再翻面使光滑面朝上，並蓋上保鮮膜，進行最後發酵 **30** 分鐘。

9. 準備 **2000CC** 的水，加入 **40g** 的蜂蜜。當水煮滾時，轉中小火，再放入整形好的貝果，約 **30** 秒翻面，再燙 **30** 秒起鍋。

   ▶ TIPS：關於貝果水煮方式，請參考 **P.020**。

10. 表面撒上葵花子後，再放入預熱烤箱。

11. 以上下火 **210** 度，烤焙 **18 ～ 20** 分鐘即完成。

   ▶ TIPS：貝果表面若太乾燥，記得要先噴水，再撒上或沾上葵花子作裝飾。

蜂蜜卡蒙貝爾
乳酪貝果

香軟柔潤

材料

蜂蜜貝果麵糰	120g ／ 1 份

▶配方及製作方式請見 **P.092**

卡蒙貝爾乳酪	**20g**
蜂蜜丁	**10g**
珍珠糖	少許（裝飾）

水煮材料

水	**2000CC**
蜂蜜	**40g**

120gX1 個　　210 度　　18~20 分

步驟

1. 準準備好材料。

2. 取一塊已中間發酵完成的小麵糰，用擀麵棍從中間開始，往上下擀平，去除空氣。

3. 擀完後翻面，轉 **90** 度打橫向擺放，並將朝向身體方向的麵糰底部用手指壓薄。

4. 在麵糰上先均勻放上蜂蜜丁及切塊的卡蒙貝爾乳酪。
   ▶ **TIPS**：由於卡蒙貝爾乳酪口味重，且加熱後會變成液態，因此用料不用多。

5. 用麵糰將所有餡料包起來，由上往下摺壓方式，以避免留太多空隙，並在第一褶時，將兩邊也摺壓進來。

6. 最後將收口的底部朝下，並從右半邊開始向外搓長，呈現一邊大一邊小的長尾狀。

7. 翻面將收底朝上，並將左手邊的大口打開，將右手邊的尾巴放入，並像包水餃一樣將接縫處捏實收緊。
   ▶ **TIPS**：貝果的洞口小一點，可防止在烤焙時，容易爆開。

8. 再翻面使光滑面朝上，並蓋上保鮮膜，進行最後發酵 **30** 分鐘。

9. 準備 **2000CC** 的水，加入 **40g** 的蜂蜜。當水煮滾時，轉中小火，再放入整形好的貝果，約 **30** 秒翻面，再燙 **30** 秒起鍋。
   ▶ **TIPS**：關於貝果水煮方式，見 **P.020**。

10. 表面撒上珍珠糖後，再放入預熱烤箱，以上下火 **210** 度，烤焙 **18 ～ 20** 分鐘即完成。
    ▶ **TIPS**：貝果表面若太乾燥，記得要先噴水，再裝飾。

秋葵鮪魚起司
貝果

材料

蜂蜜貝果麵糰————————**120g ／ 1** 份
　▶配方及製作方式請見 **P.092**
鮪魚————————————————**15g**
秋葵————————————————**10g**
披薩乳酪絲——————————**5g**
七味粉————————**少許（裝飾）**

水煮材料

水————————————————**2000CC**
蜂蜜——————————————**40g**

120gX1 個　　　**210** 度　　　**18~20** 分

步驟

1. 準備好材料。其中，鮪魚不管是油漬或水漬，記得要先把它瀝乾才能使用。秋葵洗淨後切除蒂頭，橫切成星狀備用。

2. 取一塊已中間發酵完成的小麵糰，用擀麵棍從中間開始，往上下擀平，去除空氣。

3. 擀完後翻面，轉 **90** 度打橫向擺放，並將朝向身體方向的麵糰底部用手指壓薄。

4. 在麵糰上先依序放上乳酪絲、鮪魚及秋葵。

5. 用麵糰將所有餡料包起來，由上往下摺壓方式，以避免留太多空隙，並在第一摺時，將兩邊也摺壓進來。

6. 最後將收口的底部朝下，並從右半邊開始向外搓長，呈現一邊大一邊小的長尾狀。

7. 翻面將收底朝上，並將左手邊的大口打開，將右手邊的尾巴放入，並像包水餃一樣將接縫處捏實收緊。

8. 再翻面使光滑面朝上，並蓋上保鮮膜，進行最後發酵 **30** 分鐘。

9. 準備 **2000CC** 的水，加入 **40g** 的蜂蜜。當水煮滾時，轉中小火，再放入整形好的貝果，約 **30** 秒翻面，再燙 **30** 秒起鍋。

10. 表面撒上七味粉後，再放入預熱烤箱，以上下火 **210** 度，烤焙 **18 ～ 20** 分鐘即完成。

1
4
5

Part 3
鬆軟的蜂蜜貝果

Part 4

白神小玉天然酵母
貝果

白神小玉野菜貝果 P.144

花環造型白神小玉酵母
原味貝果 P.130

白神小玉味噌核桃貝果
P.138

白神小玉蒲燒鯛貝果 P.141

白神小玉原味貝果～打結版
P.126

白神小玉辮子麵包貝果 P.147

白神小玉原味貝果 P.126

白神小玉紅豆起司貝果 P.135

原味貝果～白神小玉酵母版
P.126

白芝麻白神小玉酵母貝果
P.132

胡麻白神小玉酵母貝果
P.132

七味粉白神小玉酵母貝果
P.132

白神小玉天然酵母
貝果麵糰做法

白神小玉天然酵母（白神こだま酵母）可說是酵母界 LV，產自日本秋田縣世界自然遺產「白神山地」，還有「不外傳的酵母」之稱，可用來釀造清酒、紅酒和做麵包，發酵味道獨特，有淡淡酒香味。由於本身擁有許多天然的海藻糖，所以保濕性很好，因此拿這個酵母來做貝果麵糰，即使不加任何料，也口感好，吃起來甘甜又有風味！做出來的貝果就算冷凍起來 1 ～ 2 個禮拜再吃，一樣美味！

製作流程及時間表

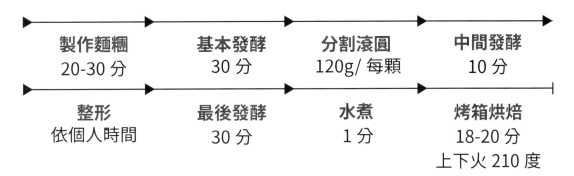

製作麵糰 20-30 分	基本發酵 30 分	分割滾圓 120g/ 每顆	中間發酵 10 分
整形 依個人時間	最後發酵 30 分	水煮 1 分	烤箱烘焙 18-20 分 上下火 210 度

麵糰材料（攪拌機器版）

白神小玉酵母	15g
溫水（35~38 度）	100g
高筋麵粉	1000g
砂糖	50g
鹽	20g
水	430g
初榨橄欖油	30g

分量

約 **1645g** 麵糰 **X1** 個

▶ **120g** 貝果約 13 ～ 14 個

步驟

製作酵母水

1. 先準備 **35 ～ 38** 度的溫水，放入白神小玉酵母之後，先靜置 **3 ～ 5** 分鐘，先不攪拌好讓酵母吸飽水。

2. 然後才開始攪拌至底部都沒有結塊狀時，表示酵母完全融化。

   ▶ **TIPS**：如果酵母沒有融化，加入麵粉時會無法發揮足夠的發酵力道。

🥖 **製作麵糰**

3. 一樣要先加粉類材料，
   在攪拌機裡加入過篩好
   的高筋麵粉。

4. 然後再依序加入鹽及
   糖，再慢速攪拌 **30** 秒，
   使粉狀材料混合均勻。

5. 再依序加入水。
   ▶ TIPS：水不能加太慢，
   會使麵糰硬掉。

6. 然後加入調好已完全溶
   解的白神小玉酵母水。

7. 最後加入初榨橄欖油，
   然後用慢速攪拌約 **8** 分
   鐘。

   ▶ TIPS：切記做任何麵
   糰時，油都最後才加入。

8. 當麵粉從粉狀至聚合成
   糰，且鋼內沒有乾粉或
   顆粒狀就算完成了。

   ▶ TIPS：攪拌麵糰時，
   如果感覺太乾記得向盆
   內噴一點水。

9. 可取一塊小麵糰拉扯看
   看，邊緣會有鋸齒狀即
   可。

基本發酵

10. 將整塊麵糰從攪拌鋼內取出,壓緊滾圓。

11. 白神小玉的麵糰也比較紮實,因此滾圓至聚合成糰且表面光滑即可。

   ▶ TIPS:貝果本身就是比較有嚼勁且 Q 度的麵糰,因此只要壓不要揉。

12. 放入鋼盆,覆蓋保鮮膜,進入發酵箱以溫度 28℃、濕度 75 度,進行基本發酵 30 分鐘。

   ▶ TIPS:若無發酵箱,也可以用一般塑製收納箱或保麗龍盒取代,記得要在內部放一杯熱水。

分割滾圓

13. 基本發酵完後，將麵糰輕揉成長形。

14. 再用切麵刀切成 **120g** 一顆的大小，約 **13** 等份。

中間發酵

15. 用手滾圓後，再進行中間發酵 **10** 分鐘，即可進行貝果加料或整形的製作囉！

外 Q 內軟有酒香

126

白神小玉酵母原味貝果

材料

白神小玉酵母貝果麵糰⋯⋯⋯**120g ／ 1 份**
   ▶配方及製作方式請 **P.120**

水煮材料

水⋯⋯⋯⋯⋯⋯⋯⋯⋯⋯⋯**2000CC**
蜂蜜⋯⋯⋯⋯⋯⋯⋯⋯⋯⋯⋯**40g**

120gX1 個

210 度

18~20 分

步驟

🥖 進行整形

1. 取一塊已中間發酵完成的小麵糰，用擀麵棍從中間開始，往上下擀平，去除空氣。

2. 擀完後翻面，轉 **90** 度打橫向擺放。

3. 將朝向身體方向的麵糰底部用手指壓薄。

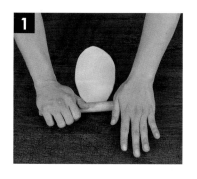

Part 4 白神小玉天然酵母貝果

4. 麵糰由上往下摺，朝內壓實的捲起來，最後將收口的底部朝下。

   ▶ TIPS：每捲一圈就用雙手手指用力壓緊，以免產生空隙。

5. 一樣從中間開始，將另一頭搓尖。

6. 然後將尖尖的尾巴端塞進另一端開口。

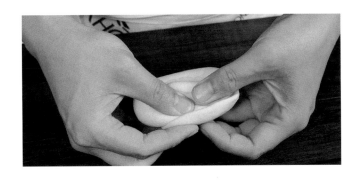

7. 像包水餃一樣黏合起來。

⌾⊐⊃ 最後發酵

8. 將光滑面朝上，收口底部朝下，放置發酵箱或烤盤上，蓋上塑膠袋，進行最後發酵 **30** 分鐘。

▶ TIPS：若來不及處理，可在此步驟將貝果麵糰冷凍，相關方法請參考 **P.019**。

⌾⊐⊃ 水煮貝果

9. 準備水 **2000CC**，加入 **40g** 的蜂蜜。當水煮滾至起泡時，就可放入貝果。

10. 一邊煮 **30** 秒後，再翻面煮 **30** 秒。

⌾⊐⊃ 烤箱烘培

11. 撈起來，將貝果的水瀝乾後，放在烤盤上排列整齊，放入烤箱，上下火為 **210** 度烘焙約 **18～20** 分，即完成。

▶ TIPS：若進烤箱前，貝果表面已呈現乾燥時，最好先噴水再進烤箱。

呂老師 Note

花環造型貝果 加映場

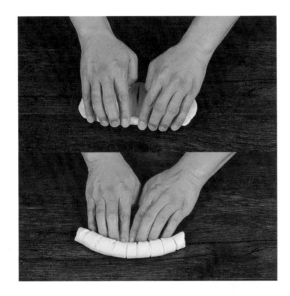

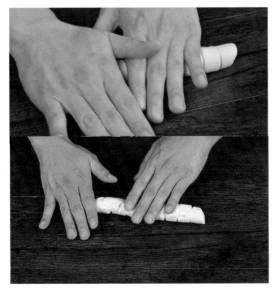

1. 接續 P.127【步驟 3】，在已壓平的麵糰的 1/2 處，用切麵刀切出間距約 1.5 ～ 2 公分寬度的長條狀。

2. 一樣將麵糰由上往下扣的方式朝內壓實捲起來，最後底部朝下收好。
   ▶ TIPS：捲時要注意，要紮實的捲起來，千萬不要將空氣捲入。

3. 底部朝下，並從右半邊開始向外搓長，呈現一邊大一邊小的長尾狀。

呂老師 Note

花環造型貝果

4. 翻面將收底朝上，並將左手邊的大口打開，將右手邊的尾巴放入。

5. 像包水餃一樣將接縫處收緊。

6. 可以看到貝果表面一節一節的紋路，放置發酵箱或烤盤上，蓋上塑膠袋，進行最後發酵 **30** 分鐘。

7. 接下來的水煮及最後烤焙與前面 **P.129**【步驟 **9 ~ 11**】相同。

白神小玉天然酵母貝果

胡麻白神小玉酵母貝果

七味粉白神小玉酵母貝果

白芝麻白神小玉酵母貝果

白神小玉酵母
貝果三味

七味粉白神小玉酵母貝果

材料

白神小玉酵母貝果麵糰────**120g ／ 1 份**
▶配方及製作方式請見 **P.120**
七味粉────────────────適量

水煮材料

水────────────────**2000CC**
蜂蜜───────────────**40g**

120gX1 個

210 度

18~20 分

Part 4
白神小玉天然酵母貝果

步驟

1. 取一塊已中間發酵完成的小麵糰，用擀麵棍從中間開始，往上下擀平，去除空氣。因白神小玉酵母麵糰的延展性比較長，因此擀長約 **30** 公分，與擀麵棍同長，做出來的洞孔也比較大。
   ▶ TIPS：詳細步驟圖可參考前面的「白神小玉酵母原味貝果」（**P.127**）。

2. 擀完後翻面，轉 **90** 度打橫向擺放。

3. 將朝向身體方向的麵糰底部用手指壓薄。

4. 麵糰由上往下摺，朝內壓實的捲起來，最後將收口的底部朝下。

5. 底部朝下，並從右半邊開始向外搓長，呈現一邊大一邊小的長尾狀。

6. 翻面將收底朝上，並將左手邊的大口打開，將右手邊的尾巴放入，並像包水餃一樣將接縫處捏實收緊。
   ▶ TIPS：每捲一圈就用雙手手指用力壓緊，以免產生空隙。

胡麻白神小玉酵母貝果

材料

白神小玉酵母貝果麵糰 **120g ／ 1** 份
▶配方及製作方式請見 **P.120**

白芝麻 適量
黑芝麻 適量
亞麻子 適量

水煮材料

水 **2000CC**
蜂蜜 **40g**

白芝麻白神小玉酵母貝果

材料

白神小玉酵母貝果麵糰 **120g ／ 1** 份
▶配方及製作方式請見 **P.120**

白芝麻 適量

水煮材料

水 **2000CC**
蜂蜜 **40g**

7. 再翻面使光滑面朝上,並蓋上保鮮膜進行最後發酵 **30** 分鐘。
   ▶ **TIPS**:若來不及處理,可在此步驟將貝果麵糰冷凍,相關方法請參考 **P.019**。

8. 準備 **2000CC** 的水,加入 **40g** 的蜂蜜。當水煮滾時,轉中小火,再放入整形好的貝果,約 **30** 秒翻面,再燙 **30** 秒起鍋。

9. 將剛撈起來的水煮貝果,各自以光滑面分別沾白芝麻、混入黑白芝麻的胡麻及撒上七味粉,並放在烤盤上排列。

10. 送入預熱烤箱,以上下火 **210** 度烤焙 **18 ～ 20** 分鐘,即完成。

白神小玉紅豆
起司貝果

想不到好滋味

120g×1 個

210 度

18~20 分

材料

白神小玉酵母貝果麵糰	120g ／ 1 份

▶配方及製作方式請見 P.120

蜜紅豆	20g
高溫乳酪丁	15g
燕麥片	適量（裝飾）

水煮材料

水	2000CC
蜂蜜	40g

步驟

1. 準備好材料。

2. 取一塊已中間發酵完成的小麵糰，用擀麵棍從中間開始，往上下擀平，去除空氣。

   ▶ TIPS：由於白神小玉酵母麵糰延展性佳，因此可以嘗試擀長一點，做洞口大的貝果。

3. 擀完後翻面，轉 90 度打橫向擺放，並將朝向身體方向的麵糰底部用手指壓薄。

4. 在麵糰上先放上蜜紅豆，再放上乳酪丁。

5. 然後用麵糰將所有餡料包起來，由上往下摺壓三褶，像捲起來的樣子，最後將收口的底部朝下。

   ▶ TIPS：每捲一圈就用雙手的手指用力壓緊，以免產生空隙。

6. 這次做毛巾造型。先將兩根手指壓住一邊開口。

   ▶ TIPS：關於「毛巾造型貝果」也可參閱 P.022。

7. 另一手抓住貝果另一端麵糰尾巴，開始向順時針方向旋轉約 3 圈。

8. 然後將旋轉的尾巴塞進開口處，黏過來。像包水餃一樣將接縫處收緊，包起來不會散開。

9. 翻至正面光滑面朝上，可以看到表面旋轉的毛巾花紋，然後放置發酵箱或烤盤上，蓋上塑膠袋，進行最後發酵 30 分鐘。

10. 準備 2000CC 的水，加入 40g 的蜂蜜。當水煮滾時，轉中小火，再放入整形好的貝果，約 30 秒翻面，再燙 30 秒起鍋。

   ▶ TIPS：關於貝果水煮方式，請參考 P.020。

11. 表面沾燕麥片，放入預熱烤箱，以上下火 210 度，烤焙約 18 ～ 20 分鐘，即完成。

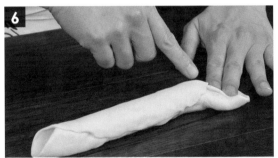

貝果控新選擇

白神小玉味噌核桃貝果

120gX1 個

210 度

18~20 分

材 料

白神小玉酵母貝果麵糰 120g ／ 1 份
▶配方及製作方式請見 P.120

味噌..15g

核桃..20g

黑、白芝麻................適量 (裝飾)

水 煮 材 料

水..2000CC

蜂蜜..40g

步 驟

1. 準備好材料。其中,先將核桃剝碎一點,以方便後續貝果包料。

2. 取一塊已中間發酵完成的小麵糰,用擀麵棍從中間開始,往上下擀平,去除空氣。

3. 擀完後翻面,轉 90 度打橫向擺放,並將朝向身體方向的麵糰底部用手指壓薄。

4. 在麵糰上先均勻塗抹味噌醬。

5. 然後再均勻放上已剝小塊的核桃。

6. 用麵糰將所有餡料包起來，由上往下摺壓。

7. 為避免味噌加熱會流出來，因此左右兩邊開口也要摺壓封起來。

8. 最後將收口的底部朝下，並從右半邊開始向外搓長，呈現一邊大一邊小的長尾狀。

9. 翻面將收底朝上，並將左手邊的大口打開，將右手邊的尾巴放入，並像包水餃一樣將接縫處捏實收緊。

10. 再翻面使光滑面朝上，並蓋上保鮮膜進行最後發酵 **30** 分鐘。

11. 準備 **2000CC** 的水，加入 **40g** 的蜂蜜。當水煮滾時，轉中小火，再放入整形好的貝果，約 **30** 秒翻面，再燙 **30** 秒起鍋。

    ▶ **TIPS**：關於貝果水煮方式，請參考 **P.020**。

12. 在貝果表面的一邊撒黑、白芝麻，放在烤盤上排列後，進入預熱烤箱，以上下火 **210** 度，烤焙 **18** ～ **20** 分鐘即完成。

白神小玉蒲燒鯛
Pizza 貝果

日式好滋味

120gX1 個

210 度

18~20 分

材料

白神小玉酵母貝果麵糰	120g ／ 1 份

▶配方及製作方式請見 P.120

蒲燒鯛	60g
披薩乳酪絲	適量
義式香料	適量

水煮材料

水	2000CC
蜂蜜	40g

步 驟

1. 準備好材料。其中,蒲燒鯛要先切段,大小約 **2～3** 公分左右。

   ▶ TIPS:蒲燒鯛也可改成蒲燒鰻。

2. 用擀麵棍從麵糰中間開始,往上下擀平,去除空氣,長約 **25** 公分左右。

3. 將擀好的麵糰橫放在烤盤上。

   ▶ TIPS:因蒲燒鯛和蒲燒鰻的油脂太多了,不但用傳統貝果包裹方式較難操作外,肉質也容易在高溫烤焙散開或融化,反而吃不到風味,因此用「盛上式」的呈現比較適合,相關介紹也可參考 **P.027**。

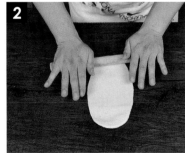

4. 先在麵糰上鋪上適量的披薩乳酪絲。

  ▶ TIPS：記得麵糰邊緣要留 1 ～ 2 公分，以免餡料加熱後流淌出去。

5. 再撒上適量的義式香料提味。

6. 最後放上蒲燒鯛約 3 ～ 4 塊。

7. 進入預熱烤箱前，要先噴水。然後，以上下火各 210 度，烤焙 15 ～ 20 分鐘即完成。

  ▶ TIPS：由於蒲燒鯛本身油脂很多，因此在此不用美乃滋，吃起來才健康。

白神小玉
野菜貝果

大水餃創意造型

材料

白神小玉酵母貝果麵糰————**120g ／ 1 份**	
▶配方及製作方式請見 **P.120**	
秋葵————————————**60g**	
芥末籽醬———————**15g**	
培根—————————**30g**	
披薩乳酪絲——————**30g**	
帕馬森起司粉—————適量（裝飾）	

120gX1 個

210 度

18~20 分

水煮材料

水————————————**2000CC**	
蜂蜜—————————**40g**	

步驟

1. 準備好材料。其中，培根要切塊約 1 ～ 2 公分見方，秋葵要洗淨後去蒂，斜切成段。

2. 先將麵糰擀成如同手掌大的圓形。

3. 將麵糰翻面後，在中間塗抹芥末籽醬。

4. 再放上切好的秋葵及培根。

5. 最後放上乳酪絲做黏著劑。

6. 然後像包大水餃或韭菜盒一樣包起來，並將封口處用手指壓緊，以免漏餡。

   ▶ TIPS：若怕封口不緊，也可以在麵糰邊緣接縫處塗水強化黏合力。

7. 在做成大水餃狀的野菜貝果上面噴水。

8. 將野菜貝果噴水那一面去沾調理鋼盆中的帕馬森起司粉。

9. 然後放在烤盤上排列，進行最後發酵 15 分鐘。再送進已預熱的烤箱，以上下火 210 度，烤焙約 18 ～ 20 分鐘即完成。

白神小玉辮子
麵包貝果

創意造型吸睛

120gX1 個

210 度

18~20 分

材料

白神小玉酵母貝果麵糰————**120g ／ 1 份**
▶配方及製作方式請見 **P.120**

白芝麻——————適量（裝飾）

水煮材料

水——————**2000CC**
蜂蜜——————**40g**

步驟

1. 取一塊已中間發酵好的白神小玉酵母麵糰，然後用手掌壓平，將麵糰內空氣排除。

2. 翻面，然後上下往中間摺二次。

3. 然後以上下滾動方式搓長，約 **20** 公分左右，再轉 **90** 度。

4. 翻過來，再用手掌由上往下壓平。

5. 用切麵刀，量好間距，將麵糰前頭留約 **2** 公分處，往下切分成 **3** 等份。

6. 然後開始綁辮子。先用拇指壓一下麵糰的頭部，使其固定。

7. 接著開始交錯，先從最左邊的辮子❶跨至最右邊。原本右邊的辮子❷交錯跨至中間。原本中間的辮子❸從最左邊跨越❷回中間。然後再依❶❷❸此順序綁辮子。

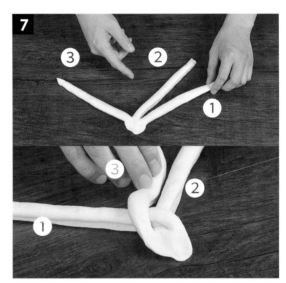

8. 綁到最後時，將尾巴隱藏在下面。
9. 在表面噴水，然後沾調理鋼盆內的白芝麻。
10. 然後進行最後發酵 **15** 分鐘。再放入烤盤進入已預熱烤箱，以上下火 **210** 度，烤焙 **18～20** 分鐘，即完成。

▶ TIPS：一般貝果圓形造型最後發酵都是 **30** 分鐘，但特殊造型類的最後發酵只要 **15** 分鐘，僅量不要發酵太長的時間，才會有咀嚼的口感。

低脂零負擔的全麥貝果

Part 5

原味全麥貝果
P.158

白芝麻全麥貝果
P.162

藍紋乳酪鮪魚全麥貝果 P.174

巧克力夏威夷豆全麥貝
果 P.170

無花果蔓越莓全麥貝果
P.166

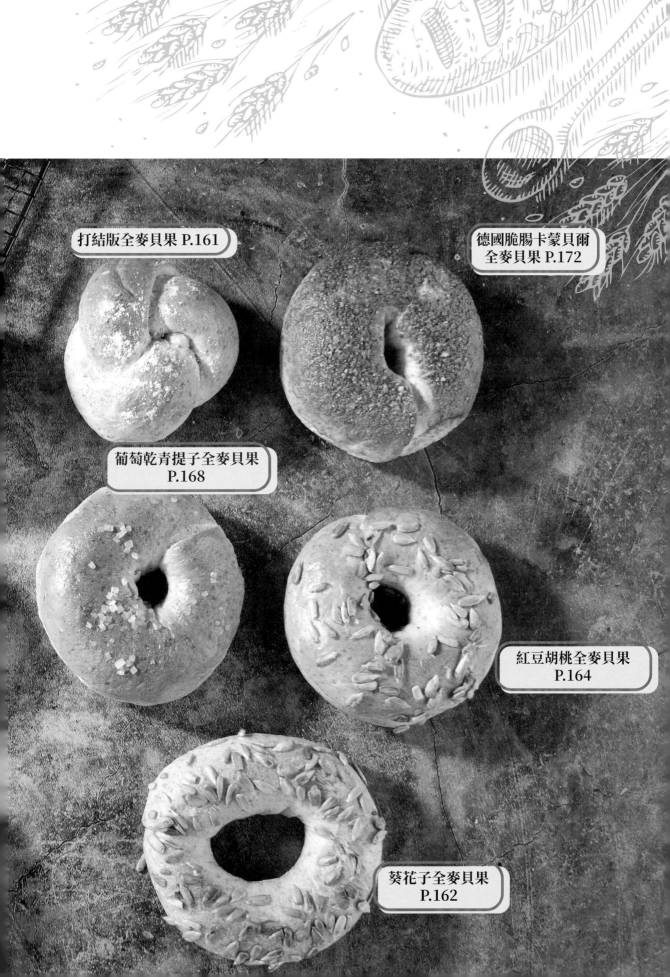

打結版全麥貝果 P.161

德國脆腸卡蒙貝爾
全麥貝果 P.172

葡萄乾青提子全麥貝果
P.168

紅豆胡桃全麥貝果
P.164

葵花子全麥貝果
P.162

全麥貝果麵糰做法

粗獷的全麥麵粉本身就有顏色，所製作出來的麵糰或貝果表面也會看得到穀粒，富有嚼勁，且吃起來會有淡淡的麥香。但考量口感，因此這裡全麥貝果麵糰的配方是採高筋麵粉與全麥麵粉比例以 4：1 去混合，再加入初榨橄欖油，也讓紮實的口感咀嚼起來多了軟 Q。

製作流程及時間表

製作麵糰 20-30 分	基本發酵 30 分	分割滾圓 120g/ 每顆	中間發酵 10 分
整形 依個人時間	最後發酵 30 分	水煮 1 分	烤箱烘焙 18-20 分 上下火 210 度

麵糰材料（攪拌機器版）

高筋麵粉	**800g**
全麥麵粉	**200g**
鹽	**16g**
砂糖	**60g**
即發酵母	**6g**

水	**550g**
初榨橄欖油	**40g**

分量

約 **1672g** 麵糰 **X1** 個

▶ 120g 貝果約 13 ～ 14 個

步驟

製作麵糰

1. 先將材料準備好，並在攪拌機裡加入過篩好的高筋麵粉及全麥麵粉。

2. 開慢速攪拌一下，讓麵粉混合均勻。

低脂零負擔的全麥貝果

Part 5

3. 再依序加入砂糖、鹽，一樣慢速攪拌一下。

4. 再加入酵母，並用慢速攪拌 1 分鐘，將粉類攪拌均勻。

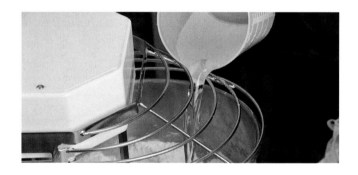

5. 之後再加入水。

6. 然後加入初榨橄欖油，用慢速攪拌 8 分鐘。

   ▶ TIPS：麵糰低速 8 分鐘只是聚合好而已，而且每一個麵糰因水量不同所以筋性會不一樣。

7. 當麵糰聚合成糰，且表面光滑不黏手就算完成了。

8. 可取一塊小麵糰拉扯看看，呈現薄膜且有鋸齒狀即可。

   ▶ TIPS：貝果是不需要筋性太好的麵包，跟紮實貝果麵糰不一樣，這裡可以看出有一點筋性。

◁▭▷ **基本發酵**

9. 將整塊麵糰從攪拌鋼內取出後，滾圓。

10. 揉到表面光滑即可。

11. 放入鋼盆，覆蓋保鮮膜，進發酵箱以溫度 28°C、濕度 75 度，進行基本發酵 30 分鐘。

   ▶ TIPS：若無發酵箱也可以用一般塑製收納箱或保麗龍盒取代，記得要在內部放一杯熱水。

分割滾圓

12. 基本發酵完後，將麵糰輕揉成長形。

13. 並用切麵刀切成 **120g** 一顆的大小，約 **13** 等份。

🥖 **中間發酵**

14. 用手滾圓。

15. 再進行中間發酵 **10** 分鐘，即可進行貝果加料或整形的製作囉！

濃郁麥香味！

158

原味全麥貝果

材料

全麥貝果麵糰 ⋯⋯⋯⋯⋯ **120g ／ 1 份**

　　▶配方及製作方式請見 **P.152**

水煮材料

水 ⋯⋯⋯⋯⋯⋯⋯⋯⋯⋯ **2000CC**
蜂蜜 ⋯⋯⋯⋯⋯⋯⋯⋯⋯⋯ **40g**

120gX1 個

210 度

18~20 分

步驟

🥖 進行整形

1. 因全麥麵粉較堅硬，因此可以先實
   壓麵糰變扁後，再開始用擀麵棍將
   麵糰上下擀平，去除空氣。

2. 擀完後翻面，轉 **90** 度打橫向擺放，
   並將朝向身體方向的麵糰底部用手
   指壓薄。

3. 麵糰由上往下摺，朝內壓實的捲起來，最後將收口的底部朝下。

   ▶ TIPS：每捲一圈就用雙手手指用力壓緊，以免產生空隙。

4. 右半邊開始向外搓長，呈現一邊大一邊小的長尾狀。

5. 將左手邊的大口打開，將右手邊的尾巴放入，並像包水餃一樣將接縫處捏實收緊。

最後發酵

6. 翻面，將表面朝上，並蓋上保鮮膜進行最後發酵 30 分鐘。

   ▶ TIPS：若來不及處理，可在此步驟將貝果麵糰冷凍，相關方法請見 P.019。

追加打結版全麥貝果

1. 從【步驟4】開始，將左右兩邊搓長，至 30 公分左右，呈現尖尾巴狀。

2. 用食指將長條麵糰從中間舉起，接著像打結一樣。將一邊長條麵糰圍個圈，繞至另一個麵糰後面。然後從食指所在的中間洞口穿進去。

3. 另一端的尖頭也繞另一邊麵糰，從後面的中間洞口穿過去，並把尾巴藏在麵糰裡。

4. 可以看到貝果表面打結的紋路，放置發酵箱或烤盤上，蓋上塑膠袋，進行最後發酵。

水煮貝果

7. 準備 2000CC 的水，加入 40g 的蜂蜜。當水煮滾時，轉中小火，再放入貝果。

8. 一邊煮 30 秒後，再翻面煮 30 秒。

烤箱烘焙

9. 撈起來將貝果的水瀝乾後，放在烤盤上排列整齊，放入烤箱，上下火為 210 度烘焙約 18 ～ 20 分，即完成。

葵花子全麥貝果 VS.
白芝麻全麥貝果

葵花子全麥貝果

白芝麻全麥貝果

原味全麥貝果

葵花子全麥貝果	白芝麻全麥貝果
材料	**材料**
全麥貝果麵糰 ⋯⋯⋯ **120g ／ 1** 份	全麥貝果麵糰 ⋯⋯⋯ **120g ／ 1** 份
▶配方及製作方式請見 **P.152**	▶配方及製作方式請見 **P.152**
葵花子 ⋯⋯⋯⋯⋯⋯ 適量	白芝麻 ⋯⋯⋯⋯⋯⋯ 適量
水煮材料	**水煮材料**
水 ⋯⋯⋯⋯⋯⋯ **2000CC**	水 ⋯⋯⋯⋯⋯⋯ **2000CC**
蜂蜜 ⋯⋯⋯⋯⋯⋯ **40g**	蜂蜜 ⋯⋯⋯⋯⋯⋯ **40g**

120gX1 個　　**210** 度　　**18~20** 分

步驟

1. 用擀麵棍從中間開始，往上下擀平，去除空氣。

2. 擀完後翻面，轉 **90** 度打橫向擺放。

3. 將朝向身體方向的麵糰底部用手指壓薄。

4. 麵糰由上往下摺，朝內壓實的捲起來，最後將收口的底部朝下。

　　▶ **TIPS**：每捲一圈就用雙手手指用力壓緊，以免產生空隙。

5. 底部朝下，並從右半邊開始向外搓長，呈現一邊大一邊小的長尾狀。

6. 翻面將收底朝上，並將左手邊的大口打開，將右手邊的尾巴放入，並像包水餃一樣將接縫處捏實收緊。

7. 再翻面使光滑面朝上，並蓋上保鮮膜進行最後發酵 **30** 分鐘。

8. 準備 **2000CC** 的水，加入 **40g** 的蜂蜜。當水煮滾時，轉中小火，再放入整形好的貝果，約 **30** 秒翻面，再燙 **30** 秒起鍋。

　　▶ **TIPS**：關於貝果水煮方式，請參考 **P.020**。

9. 將起鍋的貝果，表面還是濕的去沾裡分別裝葵花子及白芝麻的調理鋼盆，並放在烤盤上排列。

　　▶ **TIPS**：貝果表面裝飾除了用沾的，也可以手指捏取材料用撒的，只是密集度沒有用沾的較豐富。

10. 放入預熱烤箱，上下火 **210** 度烤焙 **18 ～ 20** 分鐘即完成。

紅豆胡桃全麥貝果

繽紛口味

材料		水煮材料	
全麥貝果麵糰	120g／1 份	水	2000CC
▶配方及製作方式請見 P.152		蜂蜜	40g
蜜紅豆	15g		
胡桃	10g		
葵花子	適量（裝飾）		

120gX1 個 　　210 度 　　18~20 分

步驟

1. 準備好材料。其中，先將胡桃剝小塊一點，以便於包裹。

2. 將 120g 的全麥貝果麵糰，用擀麵棍從中間開始，往上下擀平，去除空氣。

3. 翻面，轉 90 度打橫向擺放，並將朝向身體方向的麵糰底部用手指壓薄。

4. 在麵糰上先放上蜜紅豆。

5. 再放上胡桃碎。

6. 然後用麵糰將所有餡料包起來，由上往下摺三褶，像捲起來的樣子，最後將收口的底部朝下。

7. 底部朝下，並從右半邊開始向外搓長，呈現一邊大一邊小的長尾狀。
   ▶ TIPS：每捲一圈就用雙手的手指用力壓緊，以免產生空隙。

8. 翻面將收底朝上，並將左手邊的大口打開，將右手邊的尾巴放入，並像包水餃一樣將接縫處捏實收緊。

9. 再翻面使光滑面朝上，並蓋上保鮮膜，進行最後發酵 30 分鐘。

10. 準備 2000CC 的水，加入 40g 的蜂蜜。當水煮滾起泡時，就可放入整形好的貝果，約 30 秒翻面，再燙 30 秒起鍋。
    ▶ TIPS：關於貝果水煮方式，請參考 P.020。

11. 上面沾上葵花子後，放入預熱烤箱，上下火 210 度烤焙 18 ～ 20 分鐘即完成。

無花果蔓越莓
全麥貝果

有機天然

材料

全麥貝果麵糰 ⋯⋯⋯⋯ **120g ／ 1** 份
　▶配方及製作方式請見 **P.152**
無花果乾 ⋯⋯⋯⋯⋯⋯⋯⋯⋯⋯ **20g**
蔓越莓 ⋯⋯⋯⋯⋯⋯⋯⋯⋯⋯⋯ **20g**

水煮材料

水 ⋯⋯⋯⋯⋯⋯⋯⋯⋯⋯ **2000CC**
蜂蜜 ⋯⋯⋯⋯⋯⋯⋯⋯⋯⋯ **40g**

120gX1 個　　**210** 度　　**18~20** 分

步驟

1. 準備好材料。

2. 將 **120g** 的全麥貝果麵糰，用擀麵棍從中間開始，往上下擀平，去除空氣。

3. 翻面，轉 **90** 度打橫向擺放，並將朝向身體方向的麵糰底部用手指壓薄。

4. 在麵糰上先放上體積較大的無名果乾。

5. 再放上蔓越莓。

6. 然後用麵糰將所有餡料包起來，由上往下摺三褶，像捲起來的樣子，最後將收口的底部朝下。
　▶ TIPS：每捲一圈就用雙手的手指用力壓緊，以免產生空隙。

7. 這次做毛巾造型。先將兩根手指壓住一邊開口。

8. 另一手抓住貝果另一端麵糰尾巴，開始向順時針方向旋轉約 **3** 圈。
　▶ TIPS：關於「毛巾造型貝果」也可參閱 **P.022**。

9. 然後將旋轉的尾巴塞進開口處，黏過來。

10. 像包水餃一樣將接縫處收緊，包起來不會散開。

11. 再翻面使光滑面朝上，看得到毛巾紋路，然後蓋上保鮮膜，進行最後發酵 **30** 分鐘。

12. 準備 **2000CC** 的水，加入 **40g** 的蜂蜜。當水煮滾起泡時，就可放入整形好的貝果，約 **30** 秒翻面，再燙 **30** 秒起鍋。
　▶ TIPS：關於貝果水煮方式，請參考 **P.020**。

13. 放入預熱烤箱，上下火 **210** 度烤焙 **18 ～ 20** 分鐘即完成。

好吃唰嘴

葡萄乾青提子
全麥貝果

材料

全麥貝果麵糰	**120g ／ 1** 份
▶配方及製作方式請見 P.152	
葡萄乾	**15g**
青提子	**15g**
中雙糖	適量（裝飾）

水煮材料

水	**2000CC**
蜂蜜	**40g**

120gX1 個

210 度

18~20 分

步驟

1. 準備好材料。

2. 將 **120g** 的全麥貝果麵糰，用擀麵棍從中間開始，往上下擀平，去除空氣。

3. 翻面，轉 **90** 度打橫向擺放，並將朝向身體方向的麵糰底部用手指壓薄。

4. 在麵糰上分別放上葡萄乾及青提子（綠葡萄乾）。

5. 然後用麵糰將所有餡料包起來，由上往下摺三褶，像捲起來的樣子，最後將收口的底部朝下。

6. 底部朝下，並從右半邊開始向外搓長，呈現一邊大一邊小的長尾狀。
   ▶ TIPS：每捲一圈就用雙手的手指用力壓緊，以免產生空隙。

7. 翻面將收底朝上，並將左手邊的大口打開，將右手邊的尾巴放入，並像包水餃一樣將接縫處捏實收緊。

8. 再翻面使光滑面朝上，並蓋上保鮮膜，進行最後發酵 **30** 分鐘。

9. 準備 **2000CC** 的水，加入 **40g** 的蜂蜜。當水煮滾起泡時，就可放入整形好的貝果，約 **30** 秒翻面，再燙 **30** 秒起鍋。
   ▶ TIPS：關於貝果水煮方式，請參考 P.020。

10. 在燙好貝果上撒上中雙糖，再放入預熱烤箱，以上下火 **210** 度，烤焙 **18** ～ **20** 分鐘即完成。

巧克力夏威夷豆
全麥貝果

吃到濃醇 →

材料

全麥貝果麵糰	**120g／1 份**
▶配方及製作方式請見 **P.152**	
巧克力豆	**15g**
夏威夷豆	**10g**
二砂糖	適量 (裝飾)

水煮材料

水	**2000CC**
蜂蜜	**40g**

120gX1 個　　**210 度**　　**18~20 分**

步驟

1. 準備好材料。

2. 將 **120g** 的全麥貝果麵糰,用擀麵棍從中間開始,往上下擀平,去除空氣。這次做大孔洞的毛巾捲貝果,因此麵糰要擀至 **30** 公分左右。

3. 一樣翻面,轉 **90** 度打橫向擺放,並將朝向身體方向的麵糰底部用手指壓薄。

4. 在麵糰上先放上巧克力豆。再放上夏威夷豆。

5. 由於這次麵糰比較長,因此可以從右至左分段摺壓,但務必將所有餡料包裹起來,最後將收口的底部朝下。

6. 這次做毛巾造型。先將兩根手指壓住一邊開口。

   ▶ **TIPS**:關於「毛巾造型貝果」也可參閱 **P.022**。

7. 另一手壓住貝果另一端麵糰尾巴,開始向順時針方向旋轉約 **3** 圈。

8. 將旋轉的尾巴塞進開口處,然後像包水餃一樣將接縫處收緊,不會散開。再翻面使光滑面朝上,看得到毛巾紋路,同時大孔洞做出來的貝果,口感上會偏酥脆。

9. 然後蓋上保鮮膜,進行最後發酵 **30** 分鐘。

10. 準備 **2000CC** 的水,加入 **40g** 的蜂蜜。當水煮滾起泡時,就可放入整形好的貝果,約 **30** 秒翻面,再燙 **30** 秒起鍋。

    ▶ **TIPS**:關於貝果水煮方式,請參考 **P.020**。

11. 貝果表面沾二砂糖後,放入預熱烤箱,上下火 **210** 度烤焙 **18 ~ 20** 分鐘即完成。

絕佳風味

德國脆腸卡蒙貝爾乳酪全麥貝果

材料

全麥貝果麵糰	120g ／ 1 份

　▶配方及製作方式請見 P.152

德國脆腸 (切段)	20g
卡蒙貝爾乳酪 (切塊)	15g
帕瑪森起司粉	適量 (裝飾)

水煮材料

水	2000CC
蜂蜜	40g

120gX1 個　　210 度　　18~20 分

步驟

1. 準備好材料。其中先將德國脆腸切段,並將卡蒙貝爾乳酪切塊備用。

2. 將 120g 的全麥貝果麵糰,用擀麵棍從中間開始,往上下擀平,去除空氣。

3. 翻面,轉 90 度打橫向擺放,並將朝向身體方向的麵糰底部用手指壓薄。

4. 在麵糰上先放上已切好的卡蒙貝爾乳酪塊。

5. 再放上切好的德國脆腸。

6. 然後用麵糰由上往下摺,將所有餡料包起來,因為有包乳酪,怕高溫時會流淌出來,所以也要左右兩邊收口。

7. 最後摺壓成條狀,並收口的底部朝下。

　▶ TIPS:每捲一圈就用雙手的手指用力壓緊,以免產生空隙。

8. 從右半邊開始向外搓長,呈現一邊大一邊小的長尾狀。

9. 翻面將收底朝上,並將左手邊的大口打開,將右手邊的尾巴放入,並像包水餃一樣將接縫處捏實收緊。

10. 再翻面使光滑面朝上,並蓋上保鮮膜,進行最後發酵 30 分鐘。

11. 準備 2000CC 的水,加入 40g 的蜂蜜。當水煮滾起泡時,就可放入整形好的貝果,約 30 秒翻面,再燙 30 秒起鍋。

　▶ TIPS:關於貝果水煮方式,請參考 P.020。

12. 在鋼盆裡放入帕瑪森起司粉,並將燙好貝果表面沾上,再放入預熱烤箱,以上下火 210 度,烤焙 18 ～ 20 分鐘即完成。

藍紋乳酪鮪魚
全麥貝果

蹦出新滋味

材料		水煮材料	
全麥貝果麵糰	**120g ／ 1** 份	水	**2000CC**
▶配方及製作方式請見 **P.152**		蜂蜜	**40g**
藍紋乳酪	**10g**		
鮪魚	**10g**		
披薩乳酪絲	**15g**		

120gX1 個　　　**210** 度　　　**18~20** 分

步驟

1. 準備好材料。其中，鮪魚要先瀝油或水，以方便包裹。

2. 將 **120g** 的全麥貝果麵糰，用擀麵棍從中間開始，往上下擀平，去除空氣。

3. 翻面，轉 **90** 度打橫向擺放，並將朝向身體方向的麵糰底部用手指壓薄。

4. 在麵糰上先用抹刀將藍紋乳酪均勻塗上。

5. 再放上已瀝乾的鮪魚。

6. 再放上乳酪絲。

7. 然後用麵糰由上往下摺一口氣將所有餡料包起來。因為有包乳酪，高溫時怕會流淌出來，所以左右兩邊要收口。

8. 最後摺壓成條狀，並收口的底部朝下。
   ▶ TIPS：每捲一圈就用雙手的手指用力壓緊，以免產生空隙。

9. 從右半邊開始向外搓長，呈現一邊大一邊小的長尾狀。

10. 翻面將收底朝上，並將左手邊的大口打開，將右手邊的尾巴放入，並像包水餃一樣將接縫處捏實收緊。

11. 再翻面使光滑面朝上，並蓋上保鮮膜，進行最後發酵 **30** 分鐘。

12. 準備 **2000CC** 的水，加入 **40g** 的蜂蜜。當水煮滾起泡時，就可放入整形好的貝果，約 **30** 秒翻面，再燙 **30** 秒起鍋。
    ▶ TIPS：關於貝果水煮方式，請參考 **P.020**。

13. 在貝果洞裡塞入乳酪絲，再放入預熱烤箱，以上下火 **210** 度，烤焙 **18** ～ **20** 分鐘即完成。

Part **6** 健康樸實的裸麥
貝果

地瓜紅豆裸麥貝果
P.194

台式香腸培根起司
裸麥貝果 P.204

巧克力花生夏威夷豆
裸麥貝果 P.200

綜合果乾裸麥貝果
P.196

青提子裸麥貝果 P.192

蜂蜜布里起司裸麥貝果
P.198

綜合起司裸麥貝果
P.208

義大利香料海鹽
裸麥貝果 P.188

藍紋乳酪蔓越莓胡桃
裸麥貝果 P.202

黑芝麻裸麥貝果
P.191

亞麻子裸麥貝果
P.190

燕麥裸麥貝果
P.190

原味裸麥貝果
P.184

裸麥貝果麵糰做法

相較於全麥麵粉，裸麥麵粉所烘焙的產品或貝果顏色較深，也因為本身沒有筋度，所以烘烤後的口感也比較緊密紮實，因此必須與高筋麵粉以 1：9 的比例調整，平衡口感。若裸麥麵粉比例過高，會影響膨脹效果。而此比例製作出來的裸麥貝果口感紮實，容易咀嚼出天然風味，因此適合重口味的餡料搭配。

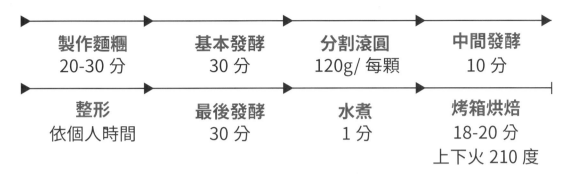

製作麵糰 20-30 分	基本發酵 30 分	分割滾圓 120g/ 每顆	中間發酵 10 分
整形 依個人時間	最後發酵 30 分	水煮 1 分	烤箱烘焙 18-20 分 上下火 210 度

麵糰材料（攪拌機器版）

高筋麵粉	**900g**
裸麥麵粉	**100g**
鹽	**16g**
砂糖	**50g**
即發酵母	**6g**
水	**530g**
初榨橄欖油	**30g**

分量

約 **1632g** 麵糰 **X1** 個

▶ **120g** 貝果約 **13 ～ 14** 個

步驟

製作麵糰

1. 先將材料準備好，並在攪拌機裡加入過篩好的高筋麵粉及裸麥麵粉，並開慢速攪拌一下，讓麵粉混合均勻。

2. 再依序加入砂糖、鹽，一樣慢速攪拌一下。

3. 再加入酵母，並用慢速攪拌 1 分鐘，將粉類攪拌均勻。

4. 之後再加入水及初榨橄欖油，一樣再用慢速攪拌 8 分鐘。

5. 當麵糰聚合成糰，沒有粉狀，且表面光滑不黏手就算完成了。

6. 可取一塊小麵糰拉扯看
看，呈現薄膜且有鋸齒
狀即可。

> ▶ TIPS：貝果是不需要
筋性太好的麵包，跟紮
實貝果麵糰不一樣，這
裡可以看出有一點筋性。

🥖 基本發酵

7. 將整塊麵糰從攪拌鋼內
取出，壓緊滾圓。

> ▶ TIPS：千要不要搓揉，
會把麵糰筋度給扯斷，
影響口感。

8. 揉到表面光滑即可。

9. 放入鋼盆裡，覆蓋上保鮮膜，進發酵箱以溫度 **28**°C、濕度 **75** 度，進行基本發酵 **30** 分鐘。

▶ TIPS：若無發酵箱也可以用一般塑製收納箱或保麗龍盒取代，記得要在內部放一杯熱水。

⊂══○ 分割滾圓

10. 基本發酵完後，將麵糰輕揉成長型，並用切麵刀切成 **120g** 一顆的大小，約 **13** 等份。

⊂══○ 中間發酵

11. 用手滾圓後，再進行中間發酵 **10** 分鐘，即可進行貝果加料或整形的製作囉！

愈嚼愈香！

原味裸麥貝果

材料

裸麥貝果麵糰 ⋯⋯⋯⋯⋯⋯⋯⋯ **120g ／ 1 份**

▶配方及製作方式請 **P.178**

水煮材料

水 ⋯⋯⋯⋯⋯⋯⋯⋯⋯⋯⋯⋯⋯ **2000CC**

蜂蜜 ⋯⋯⋯⋯⋯⋯⋯⋯⋯⋯⋯⋯ **40g**

120gX1 個

210 度

18~20 分

步 驟

🥖 進行整形

1. 用擀麵棍將裸麥麵糰上下擀平，去除空氣，做出來的裸麥貝果才不會孔洞太大，影響口感。

   ▶ **TIPS**：裸麥貝果麵糰的水分很少，表面容易乾燥，可以用一塊布蓋在麵糰上，以免水分散失。

2. 擀完後翻面，轉 **90** 度打橫向擺放，並將朝向身體方向的麵糰底部用手指壓薄，然後開始捲褶麵糰。

3. 麵糰由上往下摺，朝內
   壓實的捲起來，最後將
   收口的底部朝下。
   ▶ TIPS：每捲一圈就用
   雙手手指用力壓緊，以
   免產生空隙。

4. 右半邊開始向外搓長，
   呈現一邊大一邊小的長
   尾狀。

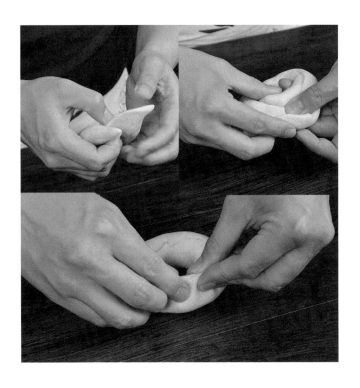

5. 將左手邊的大口打開，
   將右手邊的尾巴放入，
   並像包水餃一樣將接縫
   處捏實收緊。

6. 翻面，將表面朝上，並蓋上保鮮膜進行最後發酵 **30** 分鐘。

   ▶ TIPS：若來不及處理，可在此步驟將貝果麵糰冷凍，相關方法請參考 **P.019**。

🥖 水煮貝果

7. 準備 **2000CC** 的水，加入 **40g** 的蜂蜜。當水煮滾時，轉中小火，再放入貝果。

8. 一邊煮 **30** 秒後，再翻面煮 **30** 秒。

🥖 烤箱烘培

9. 撈起來將貝果的水瀝乾後，放在烤盤上排列整齊，放入烤箱，上下火為 **210** 度烘焙約 **18～20** 分，即完成。

   ▶ TIPS：若進烤箱前，貝果表面已呈現乾燥時，最好先噴水再進烤箱。

🧑‍🍳 **呂老師 Note**

單結及毛巾款裸麥貝果做法

單結款原味裸麥貝果，請參考 **P.023**。

毛巾款原味裸麥貝果，請參考 **P.022**。

義大利香料海鹽裸麥貝果

亞麻子裸麥貝果

黑芝麻裸麥貝果

好吃彈舌

燕麥裸麥貝果

188

120gX1 個

210 度

18~20 分

義大利香料海鹽裸麥貝果

材料

裸麥貝果麵糰————————**120g** ／ **1** 份
▶配方及製作方式請見 **P.178**

義大利香料————————————適量
海鹽————————————————少許

水煮材料

水————————————————**2000CC**
蜂蜜——————————————————**40g**

健
康
樸
實
的
裸
麥
貝
果

步 驟

1. 用擀麵棍從中間開始,往上下擀平,去除空氣。
   ▶ **TIPS**:詳細步驟圖可參考前面的「原味裸麥貝果」 (**P.184**) 。

2. 擀完後翻面,轉 **90** 度打橫向擺放。

3. 將朝向身體方向的麵糰底部用手指壓薄。

4. 麵糰由上往下摺,朝內壓實的捲起來,最後將收口的底部朝下。

5. 從右半邊開始向外搓長,呈現一邊大一邊小的長尾狀。
   ▶ **TIPS**:每捲一圈就用雙手手指用力壓緊,以免產生空隙。

6. 翻面將收底朝上,並將左手邊的大口打開,將右手邊的尾巴放入,並像包水餃一樣將接縫處捏實收緊。

7. 再翻面使光滑面朝上,並蓋上保鮮膜進行最後發酵 **30** 分鐘。

8. 準備水 **2000CC**,加入蜂蜜 **40g**。當水煮滾時,轉中小火,再放入整形好的貝果,約 **30** 秒翻面,再燙 **30** 秒起鍋。
   ▶ **TIPS**:關於貝果水煮方式,請參考 **P.020**。

9. 將起鍋的貝果表面先撒上海鹽及義大利香料,並放在烤盤上排列。

10. 放入預熱烤箱,上下火 **210** 度烤焙 **18** ～ **20** 分鐘即完成。

燕麥裸麥貝果

材料

裸麥貝果麵糰 ────── **120g ／ 1 份**

▶配方及製作方式請見 **P.178**

燕麥 ────────── 適量

水煮材料

水 ──────────── **2000CC**

蜂蜜 ───────────── **40g**

亞麻子裸麥貝果

材料

裸麥貝果麵糰 ────── **120g ／ 1 份**

▶配方及製作方式請見 **P.178**

亞麻子 ───────── 適量

水煮材料

水 ──────────── **2000CC**

蜂蜜 ───────────── **40g**

步驟

1. 用擀麵棍從中間開始，往上下擀平，去除空氣。

   ▶ **TIPS**：詳細步驟圖可參考前面的「原味裸麥貝果」（**P.184**）。

2. 擀完後翻面，轉 **90** 度打橫向擺放。

3. 將朝向身體方向的麵糰底部用手指壓薄。

4. 麵糰由上往下摺，朝內壓實的捲起來，最後將口的底部朝下。

黑芝麻裸麥貝果

材料

裸麥貝果麵糰 ⋯⋯⋯⋯⋯⋯**120g ／ 1 份**
　　▶配方及製作方式請見 **P.178**

黑芝麻⋯⋯⋯⋯⋯⋯⋯⋯⋯⋯⋯⋯適量

水煮材料

水⋯⋯⋯⋯⋯⋯⋯⋯⋯⋯⋯⋯⋯**2000CC**
蜂蜜⋯⋯⋯⋯⋯⋯⋯⋯⋯⋯⋯⋯⋯**40g**

 120gX1 個　 **210 度**　 **18~20 分**

5. 從右半邊開始向外搓長，呈現一邊大一邊小的長尾狀。
　　▶ TIPS：每捲一圈就用雙手手指用力壓緊，以免產生空隙。

6. 翻面將收底朝上，並將左手邊的大口打開，將右手邊的尾巴放入，並像包水餃一樣將接縫處捏實收緊。

7. 再翻面使光滑面朝上，並蓋上保鮮膜進行最後發酵 **30** 分鐘。

8. 準備 **2000CC** 的水，加入 **40g** 的蜂蜜。當水煮滾時，轉中小火，再放入整形好的貝果，約 **30** 秒翻面，再燙 **30** 秒起鍋。
　　▶ TIPS：關於貝果水煮方式，請參考 **P.020**。

9. 趁貝果表面還是濕，各自去沾調理鋼盆裡的燕麥片、亞麻子、黑芝麻，並放在烤盤上排列。
　　▶ TIPS：貝果表面裝飾除了用沾的，也可以手指捏取材料用撒的，只是密集度沒有用沾的較豐富。

10. 放入預熱烤箱，上下火 **210** 度烤焙 **18** ～ **20** 分鐘即完成。

青提子裸麥
貝果

單純滋味

材料

裸麥貝果麵糰 ————————— **120g ／ 1 份**
　　▶配方及製作方式請見 **P.178**
青提子 ————————————————**30g**
葵花子 ————————————適量（裝飾）

水煮材料

水 ————————————————**2000CC**
蜂蜜 ————————————————**40g**

120gX1 個　　　**210 度**　　　**18~20 分**

步驟

1. 準備好材料。

2. 將 **120g** 的裸麥貝果麵糰，用擀麵棍從中間開始，往上下擀平，去除空氣。

3. 翻面，轉 **90** 度打橫向擺放，並將朝向身體方向的麵糰底部用手指壓薄。

4. 在麵糰上放上青提子。

5. 然後用麵糰將所有餡料包起來，由上往下摺三褶，像捲起來的樣子，最後將收口的底部朝下。

6. 從右半邊開始向外搓長，呈現一邊大一邊小的長尾狀。
   ▶ TIPS：每捲一圈就用雙手的手指用力壓緊，以免產生空隙。

7. 翻面將收底朝上，並將左手邊的大口打開，將右手邊的尾巴放入，並像包水餃一樣將接縫處捏實收緊。

8. 再翻面使光滑面朝上，並蓋上保鮮膜，進行最後發酵 **30** 分鐘。

9. 準備 **2000CC** 的水，加入 **40g** 的蜂蜜。當水煮滾起泡時，就可放入整形好的貝果，約 **30** 秒翻面，再燙 **30** 秒起鍋。
   ▶ TIPS：關於貝果水煮方式，請參考 **P.020**。

10. 在表面撒上葵花子裝飾，再放入預熱烤箱，上下火 **210** 度烤焙 **18 ～ 20** 分鐘即完成。

地瓜紅豆裸麥貝果

童年滋味

材料

裸麥貝果麵糰	**120g**／**1** 份

▶配方及製作方式請見 **P.178**

地瓜丁	**15g**
蜜紅豆	**15g**
二砂糖	適量（裝飾）

水煮材料

水	**2000CC**
蜂蜜	**40g**

120gX1 個　　　210 度　　　18~20 分

步驟

1. 準備好材料。

2. 將 **120g** 的裸麥貝果麵糰，用擀麵棍從中間開始，往上下擀平，去除空氣。

3. 翻面，轉 **90** 度打橫向擺放，並將朝向身體方向的麵糰底部用手指壓薄。

4. 在麵糰上先放上地瓜丁。

5. 再均勻放上蜜紅豆。

6. 然後用麵糰將所有餡料包起來，由上往下摺三褶，像捲起來的樣子，最後將收口的底部朝下。

 ▶ TIPS：每捲一圈就用雙手的手指用力壓緊，以免產生空隙。

7. 從右半邊開始向外搓長，呈現一邊大一邊小的長尾狀。

8. 翻面將收底朝上，並將左手邊的大口打開，將右手邊的尾巴放入，並像包水餃一樣將接縫處捏實收緊。

9. 再翻面使光滑面朝上，並蓋上保鮮膜，進行最後發酵 **30** 分鐘。

10. 準備 **2000CC** 的水，加入 **40g** 的蜂蜜。當水煮滾起泡時，就可放入整形好的貝果，約 **30** 秒翻面，再燙 **30** 秒起鍋。

 ▶ TIPS：關於貝果水煮方式，請參考 **P.020**。

11. 在表面撒上二砂糖作裝飾，再放入預熱烤箱，上下火 **210** 度烤焙 **18 ～ 20** 分鐘即完成。

綜合果乾裸麥
貝果

健康爽嘴

196

材料

裸麥貝果麵糰	120g／1 份

▶配方及製作方式請見 P.178

芒果乾	10g
蔓越莓	10g
葡萄乾	10g
白芝麻	適量（裝飾）

水煮材料

水	2000CC
蜂蜜	40g

120gX1 個　　210 度　　18~20 分

步驟

1. 準備好材料。

2. 將 **120g** 的裸麥貝果麵糰，用擀麵棍從中間開始，往上下擀平，去除空氣。

3. 翻面，轉 **90** 度打橫向擺放，並將朝向身體方向的麵糰底部用手指壓薄。

4. 在麵糰上先放上葡萄乾。

5. 再均勻放上蔓越莓及芒果乾。

6. 然後用麵糰將所有餡料包起來，由上往下摺三褶，像捲起來的樣子，最後將收口的底部朝下。

   ▶ TIPS：每捲一圈就用雙手的手指用力壓緊，以免產生空隙。

7. 從右半邊開始向外搓長，呈現一邊大一邊小的長尾狀。

8. 翻面將收底朝上，並將左手邊的大口打開，將右手邊的尾巴放入，並像包水餃一樣將接縫處捏實收緊。

9. 再翻面使光滑面朝上，並蓋上保鮮膜，進行最後發酵 **30** 分鐘。

10. 準備 **2000CC** 的水，加入 **40g** 的蜂蜜。當水煮滾起泡時，就可放入整形好的貝果，約 **30** 秒翻面，再燙 **30** 秒起鍋。

    ▶ TIPS：關於貝果水煮方式，請參考 P.020。

11. 在表面沾白芝麻作裝飾，再放入預熱烤箱，上下火 **210** 度烤焙 **18 ～ 20** 分鐘即完成。

蜂蜜布里起司
裸麥貝果

材料

裸麥貝果麵糰 .... **120g ／ 1 份**
　▶配方及製作方式請見 **P.178**

蜂蜜丁 **10g**
布里起司 **20g**
中雙糖 .... 適量（裝飾）

水煮材料

水 **2000CC**
蜂蜜 **40g**

120gX1 個　　**210 度**　　**18~20 分**

步驟

1. 準備好材料。

2. 將 **120g** 的裸麥貝果麵糰，用擀麵棍從中間開始，往上下擀平，去除空氣。

3. 翻面，轉 **90** 度打橫向擺放，並將朝向身體方向的麵糰底部用手指壓薄。

4. 用刀子先將布里起司切塊，放在麵糰上。

5. 再均勻放上蜂蜜丁。

6. 然後一口氣用麵糰將所有餡料由上往下摺包起來。

7. 為避免布里起司受熱時會流淌出來，因此將麵糰兩邊開口也封起來。

8. 然後再摺壓摺壓的方式捲起來的樣子，成條狀，並將收口的底部朝下。
　▶ TIPS：每捲一圈就用雙手的手指用力壓緊，以免產生空隙。

9. 從右半邊開始向外搓長，呈現一邊大一邊小的長尾狀。

10. 翻面將收底朝上，並將左手邊的大口打開，將右手邊的尾巴放入，並像包水餃一樣將接縫處捏實收緊。

11. 再翻面使光滑面朝上，並蓋上保鮮膜，進行最後發酵 **30** 分鐘。

12. 準備 **2000CC** 的水，加入 **40g** 的蜂蜜。當水煮滾起泡時，就可放入整形好的貝果，約 **30** 秒翻面，再燙 **30** 秒起鍋。
　▶ TIPS：關於貝果水煮方式，請參考 **P.020**。

13. 在表面沾中雙糖作裝飾，再放入預熱烤箱，上下火 **210** 度烤焙 **18 ～ 20** 分鐘即完成。

Part 6

健康樸實的裸麥貝果

199

巧克力花生夏威
夷豆裸麥貝果

讓人幸福滋味

材料

裸麥貝果麵糰	**120g ／ 1 份**
▶配方及製作方式請見 **P.178**	
花生醬	**10g**
巧克力豆	**10g**
夏威夷豆	**10g**
粗鹽	適量（裝飾）

水煮材料

水	**2000CC**
蜂蜜	**40g**

120gX1 個	**210** 度	**18~20** 分

步驟

1. 準備好材料。

2. 將 **120g** 的裸麥貝果麵糰，用擀麵棍從中間開始，往上下擀平，去除空氣。

3. 翻面，轉 **90** 度打橫向擺放，並將朝向身體方向的麵糰底部用手指壓薄。

4. 用抹刀子先花生醬塗抹在麵糰上。

5. 再均勻放上巧克力豆及夏威夷豆。

6. 然後一口氣用麵糰將所有餡料由上往下摺包起來。

7. 花生醬受熱時比較會流淌出來，所以麵糰兩邊開口也封起來。

8. 然後再摺壓摺壓的方式捲起來的樣子，成條狀，並將收口的底部朝下。
   ▶ **TIPS**：每捲一圈就用雙手的手指用力壓緊，以免產生空隙。

9. 從右半邊開始向外搓長，呈現一邊大一邊小的長尾狀。

10. 翻面將收底朝上，並將左手邊的大口打開，將右手邊的尾巴放入，並像包水餃一樣將接縫處捏實收緊。

11. 由於希望這個貝果的洞大一點，因此把雙手手指放在中間旋轉，就可以均勻受力的將貝果拉大。

12. 再翻面使光滑面朝上，並蓋上保鮮膜，進行最後發酵 **30** 分鐘。

13. 準備 **2000CC** 的水，加入 **40g** 的蜂蜜。當水煮滾起泡時，就可放入整形好的貝果，約 **30** 秒翻面，再燙 **30** 秒起鍋。
    ▶ **TIPS**：關於貝果水煮方式，請參考 **P.020**。

14. 在表面撒上粗鹽做裝飾，再放入預熱烤箱，上下火 **210** 度烤焙 **18 ～ 20** 分鐘即完成。

藍紋乳酪蔓越莓
胡桃裸麥貝果

爆醬感十足

202

材料

裸麥貝果麵糰	120g ／ 1 份
▶配方及製作方式請見 P.178	
藍紋乳酪	10g
胡桃	10g
蔓越莓	10g
黑白芝麻	適量（裝飾）

水煮材料

水	2000CC
蜂蜜	40g

120gX1 個　　210 度　　18~20 分

步驟

1. 準備好材料。其中，先將胡桃剝碎成小塊，以便包裹。

2. 將 **120g** 的裸麥貝果麵糰，用擀麵棍從中間開始，往上下擀平，去除空氣。

3. 翻面，轉 **90** 度打橫向擺放，並將朝向身體方向的麵糰底部用手指壓薄。

4. 用抹刀先將藍紋乳酪均勻塗抹在麵糰上。

   ▶ TIPS：塗抹藍紋乳酪時要留邊，以方便摺壓時麵糰的黏合。

5. 再均勻放上剝碎的胡桃及蔓越莓。

6. 然後一口氣用麵糰將所有餡料由上往下摺包起來。

7. 為避免藍紋乳酪受熱時會流淌出來，因此將麵糰兩邊開口也封起來。

8. 然後再摺壓摺壓的方式捲起來的樣子，成條狀，並將收口的底部朝下。

9. 從右半邊開始向外搓長，呈現一邊大一邊小的長尾狀。

   ▶ TIPS：每捲一圈就用雙手的手指用力壓緊，以免產生空隙。

10. 翻面將收底朝上，並將左手邊的大口打開，將右手邊的尾巴放入，並像包水餃一樣將接縫處捏實收緊。

11. 再翻面使光滑面朝上，並蓋上保鮮膜，進行最後發酵 **30** 分鐘。

12. 準備 **2000CC** 的水，加入 **40g** 的蜂蜜。當水煮滾起泡時，就可放入整形好的貝果，約 **30** 秒翻面，再燙 **30** 秒起鍋。

    ▶ TIPS：關於貝果水煮方式，請參考 **P.020**。

13. 在貝果表面的一半撒上黑白芝麻做裝飾，再放入預熱烤箱，上下火 **210** 度烤焙 **18 ~ 20** 分鐘即完成。

台法混血真好味

台式香腸培根起司裸麥貝果

材料

裸麥貝果麵糰————————**120g ／ 1** 份
　▶配方及製作方式請見 **P.178**
台式香腸（切丁）————————**20g**
培根（切丁）————————**5g**
披薩乳酪絲————————**10g**
裸麥麵粉————————適量（裝飾）

120gX1 個

水煮材料

水————————**2000CC**
蜂蜜————————**40g**

210 度

18~20 分

步驟

1. 準備好材料。其中，先台式香腸先煎過後再切小塊丁，而培根切丁備用。

2. 將 **120g** 的裸麥貝果麵糰，用擀麵棍從中間開始，往上下擀平，去除空氣。

3. 翻面，轉 **90** 度打橫向擺放，並將朝向身體方向的麵糰底部用手指壓薄。

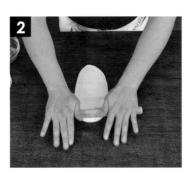

4. 先放乳酪絲當黏著劑。

5. 再均勻放上台式香腸及培根。

6. 然後一口氣用麵糰將所有餡料由上往下摺包起來。

7. 為避免內餡受熱時會流淌出來，因此將麵糰兩邊開口也封起來。

8. 然後再摺壓摺壓的方式捲起來的樣子，成條狀，並將收口的底部朝下。

9. 開始搓揉條狀麵糰，使兩邊的尾巴呈現尖尖的樣子。

10. 將收口朝下，兩端彎曲做成馬蹄形狀，放在烤盤上，蓋上保鮮膜，進行最後發酵 **30** 分鐘。

11. 在貝果還沒進行最後發酵時，先在烤箱放入陶板，以上下火 **210** 度預熱。

12. 等最後發酵完成後，將要入烤箱的馬蹄形貝果上先撒裸麥麵粉。

13. 再放入烤箱內的陶板上烤 **20** 分鐘。當貝果上色均勻後就可以出爐。

綜合起司裸麥
貝果

風味十足

材料

裸麥貝果麵糰	120g ╱ 1 份
▶配方及製作方式請見 P.178	
藍紋乳酪	10g
煙熏乳酪	10g
乳酪絲	10g
帕瑪森起司粉	適量（裝飾）

水煮材料

水	2000CC
蜂蜜	40g

120gX1 個　　210 度　　18~20 分

步驟

1. 準備好材料。其中，先將煙熏乳酪切成小塊，以便包裹。

2. 將 **120g** 的裸麥貝果麵糰，用擀麵棍從中間開始，上下擀平，去除空氣。

3. 翻面，轉 **90** 度打橫擺放，並將朝向身體方向的麵糰底部用手指壓薄。

4. 用抹刀先將藍紋乳酪均勻塗抹在麵糰上。
   ▶ TIPS：塗抹藍紋乳酪時要留邊，以方便摺壓時麵糰的黏合。

5. 再均勻放上乳酪絲。

6. 最後放上煙熏乳酪。

7. 然後一口氣用麵糰將所有餡料由上往下摺包起來。

8. 由於乳酪起司類受熱時會流淌出來，因此將麵糰兩邊開口也封起來。

9. 然後再摺壓的方式捲起來成條狀，並將收口的底部朝下。
   ▶ TIPS：每捲一圈就用雙手的手指用力壓緊，以免產生空隙。

10. 從右半邊開始向外搓長，呈現一邊大一邊小的長尾狀。

11. 翻面將收底朝上，並將左手邊的大口打開，將右手邊的尾巴放入，並像包水餃一樣將接縫處捏實收緊。

12. 再翻面，光滑面朝上，蓋上保鮮膜，進行最後發酵 **15** 分鐘。

13. 準備 **2000CC** 的水，加入 **40g** 的蜂蜜。當水煮滾起泡時，就可放入整形好的貝果，約 **30** 秒翻面，再燙 **30** 秒起鍋。
    ▶ TIPS：關於貝果水煮方式，請參考 **P.020**。

14. 在貝果沾上帕瑪森起司粉作裝飾，再放入預熱烤箱，上下火 **210** 度烤焙 **18 ～ 20** 分鐘即完成。

Part 6 健康樸實的裸麥貝果

貝果的專用抹醬 加映場

楓糖藍莓乳酪抹醬 P.213

海鹽夏蜜柑乳酪抹醬 P.213

黑松露火腿乳酪抹醬 P.212

荷蘭煙熏乳酪抹醬 P.212

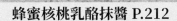

蜂蜜核桃乳酪抹醬 P.212

芥末籽培根乳酪抹醬 P.212

蜂蜜草莓乳酪抹醬 P.213

肉桂蘋果抹醬 P.213

荷蘭煙熏乳酪抹醬

材料

奶油乳酪	150g
荷蘭煙熏乳酪（切小丁）	75g
乾燥迷迭香	1g
陳年義大利烏醋	5g

芥末籽培根乳酪抹醬

材料

奶油乳酪	150g
帕瑪森起士粉	30g
炒熟的培根（切小片）	30g
芥末籽醬	30g

黑松露火腿乳酪抹醬

材料

奶油乳酪	150g
黑松露醬	30g
煎熟火腿（切小片）	30g
義大利香料	2g

蜂蜜核桃乳酪抹醬

材料

奶油乳酪	150g
烤熟的核桃	50g
蜂蜜	20g

楓糖藍莓乳酪抹醬

材料

奶油乳酪	**150g**
藍莓果醬	**50g**
楓糖	**10g**

肉桂蘋果抹醬

材料

奶油乳酪	**150g**
蘋果果醬	**65g**
肉桂粉	**2g**

蜂蜜草莓乳酪抹醬

材料

奶油乳酪	**150g**
草莓果醬	**50g**
蜂蜜	**10g**

海鹽夏蜜柑乳酪抹醬

材料

奶油乳酪	**150g**
夏蜜柑果醬	**65g**
海鹽	**2g**

抹醬製作也很簡單，只要將材料攪拌均勻即可。要吃時，將貝果對半橫切，將抹醬塗抹在上面即可。吃不完的抹醬，可冷藏保存 3 ～ 4 天，請儘速吃完。

Part 7 貝果的專用抹醬

附錄 　貝果製作的 Q & A

這個單元將為大家整理有關製作貝果過程中的細節注意事項，及常遇見的問題，老師一一幫大家解惑。

Q 1 ： 吃不完的貝果可以保存多久？如何保存？

A ： 貝果的保存期限為 **2 ～ 3** 天。如果想要保存更久的話，可以將貝果裝在密封袋中冷凍保存。但不建議冷藏，因為容易老化。

Q 2 ： 冷凍過後的貝果，如何回烤好吃的滋味？

A ： 建議冷凍過後的貝果，完全不用退冰，只要用鋁箔紙包果貝果，進烤箱用上下火為 **200** 度烤 **5 ～ 8** 分鐘，讓溫度完全穿透，而且不會有燒焦的現象。如果沒有鋁箔紙，就把烤箱溫度降低一點，例如上下火改為 **180** 度。且進烤箱前，要將貝果表面多噴一點水，以防止烘培時，中間麵糰乾掉。如果想要吃外脆內軟剛出爐的口感，可以再回烤一次即可。

也可以用電鍋，外鍋放 **1/3~1/2** 杯水，加熱至開關跳起即可。只是蒸出來的效果會像饅頭，沒有烤箱口感好。

但不建議用微波爐加熱。因為微波爐會使貝果老化得更快，除非萬不得已，只能用微波爐加熱。

Q 3 ： 為什麼貝果烘焙出來，表面縐縐的？

A ： 原因很多，像是發酵過頭或不確實、筋度打太過，或是在整形擀麵糰時，沒有將空氣排出，又或是在貝果水煮燙麵時，沒有底部先下，而是表面先下都有可能。想要貝果烤出漂亮的表皮，就是要掌握正確的發酵時間，然後筋度不要打得太過，因為貝果本身就是一個具備有 **Q** 度的麵糰。

Q4：　為什麼烤出來的貝果上色不是太深？就是太淺？

A：　貝果烘培出來正常上色表面應該是漂亮的金黃色。有些專門賣貝果的店家，會在入烤箱前，在貝果上面塗抹橄欖油，烤出來貝果表面還會油亮感，為賣相加分。而貝果若烤出來上色太深，一般有兩個狀況：爐溫太高或烤的時間太長。若烤出來顏色太淺，則可能是麵糰發酵過度或烤箱溫度過低。

Q5：　為何貝果烤焙出來表面有一顆一顆的小點點？

A：　那是貝果裡的酵母分布不均勻，造成在上色時，點狀分布不太一樣。因此在製作麵糰的混合攪拌材料時要均勻。

Q6：　貝果麵糰攪拌時間都不長，且用慢速攪拌，怎麼判斷麵糰是攪拌不足？或是剛剛好？又或是攪拌過頭呢？

A：　貝果本身是具備有 Q 度及堅韌的麵糰，因此不怕攪拌不足，因為光是攪拌或整形時，甚至送入冷藏，麵糰都還會發酵。最麻煩的是攪拌過度，因為貝果的筋性太過、延展太好，攪拌過度是做不出漂亮的貝果。

Q7：　怎麼判別貝果麵糰發酵不足或過頭？

A：　發酵過頭，麵糰會過於龐大，用手指輕輕一壓，整個麵糰會沒有彈性，烤焙出來的貝果會過軟，沒有咀嚼感。若貝果麵糰發酵不足的情況下，也會很難分割滾圓或做整形的動作。

Q8：　在製作貝果過程中，高糖酵母及低糖酵母有何差別？

A：　廣泛來說，速發酵母及新鮮酵母都屬高糖酵母，適用於各式麵包的製作；而活性乾酵母則較偏低糖酵母，具有延長發酵時間，因此能產生特殊香氣的功效。在這裡我們是教新手第一次做貝果就成功的模式思考，主張當天製作，當天完成的貝果基礎學，因此使用高糖酵母，只要二個小時即可從麵粉開始，到烤焙完成。但若是進階版的人，想要學習如何用隔夜冷藏法或老麵製作貝果的話，一般都要花費 **24** 小時及 **48** 小時發酵，則可用低糖酵母。

Q9： 如何延長麵糰的操作時間？

A： 一般有兩種方式：第一個是直接降低酵母量，但缺點就是後面不太能判斷發酵是否足夠。第二個是在中間發酵階段，把麵團放在冷藏發酵，從 **30** ～ **60** 分鐘左右，中間就可以調整操作時間。

Q10： 貝果用高筋麵粉或中筋、低筋麵粉，差別在哪裡？

A： 貝果是講求咬勁的口感，因此用高筋麵粉比較適合，而且尾韻會帶出甜甜的味道，若想要有麥香味，則可用法國麵包粉取代。雖然，中筋、低筋麵粉也可做貝果，但做出來會太軟，反而沒有 **Q** 度，口感也會大大不同。

Q11： 若家裡沒有上下火烤箱，怎麼辦？

A： 家用小烤箱沒有上下火的，一樣可以調整溫度為 **210** 度，並先預熱 **20** ～ **30** 分鐘，再來烤焙，先烤 **10** 分看有無上色，若無，溫度調高一點，即可。

Q12： 為何貝果吃起來軟軟的，沒有Q性？

A： 其實貝果紮不紮實，可以從水分含量去看。如果麵粉是 **1000** 公克，水大約 **500** 到 **530** 公克，可製作出堅韌口感的貝果。若想要咬起來有軟Q感，則水分對應麵粉的比例至少要在 **55** % 以上。如果想要吃到鬆軟的貝果，水粉比要到達 **58** % 以上。但是水粉比若超過 **60** % 上，水分太多了，吃起來的口感會過於柔軟，就不像是貝果了。

Q13： 如何避免貝果麵糰乾燥？

A： 在操作過程中，可以將貝果麵糰放在箱子裡，用蓋子蓋起來，或者在中間發酵過程中，也可以蓋上塑膠袋，以避免麵糰乾燥。如果想要更環保一點，可以用濕抹布蓋上去，也有相同的效果。

Let's Bagels

Let's Bagels

安心、手作、樂趣、分享

烘焙黃金幸福

· 取自小麥中心精華的麵粉
· 專門爲家用攪拌機、製麵包機、手揉開發 · 不使用任何添加劑、改良劑

inches   5"   6"   7"   8"

超過百道
烘焙食譜線上看

統一企業（股）公司
UNI-PRESIDENT ENTERPRISES CORP.

開 創 健 康 快 樂 的 明 天

呂昇達 職人手作 貝果全書

—— 6 種麵糰、8 款造型、8 款手作抹醬，一次學會 65 種職人技法一次到位

作　　　　者	呂昇達
攝　　　　影	黃威博
烘 焙 助 理	徐崇銘、呂昀錇

企 畫 選 書 人	賈俊國
總 　 編 　 輯	賈俊國
副 總 編 輯	蘇士尹
文 字 編 輯	Emily Lee
責 任 編 輯	李寶怡
美 術 編 輯	廖又頤
編 　 　 輯	高懿萩
行 銷 企 畫	張莉榮‧蕭羽猜‧黃欣

發 　 行 　 人	何飛鵬
法 律 顧 問	元禾法律事務所 王子文律師
出 　 　 版	布克文化出版事業部
	台北市民生東路二段 141 號 8 樓 電話：02-2500-7008 傳真：02-2502-7676
E - m a i l	sbooker.service@cite.com.tw
發 　 　 行	英屬蓋曼群島商家庭傳媒股份有限公司城邦分公司
	台北市中山區民生東路二段 141 號 2 樓
	書虫客服服務專線：02-25007718；25007719
	24 小時傳真專線：02-25001990；25001991
	劃撥帳號：19863813；戶名：書虫股份有限公司
	讀者服務信箱：service@readingclub.com.tw
香 港 發 行 所	城邦（香港）出版集團有限公司
	香港灣仔駱克道 193 號東超商業中心 1 樓
	電話：+852-2508-6231 傳真：+852-2578-9337 E-mail：hkcite@biznetvigator.com
馬 新 發 行 所	城邦（馬新）出版集團 Cité (M) Sdn. Bhd.
	41, Jalan Radin Anum, Bandar Baru Sri Petaling, 57000 Kuala Lumpur, Malaysia
	電話：+603-9057-8822 傳真：+603-9057-6622
印 　 　 刷	韋懋實業有限公司
初 　 　 版	2022 年 12 月　　　　初 版 5 刷　　2023 年 4 月
定 　 　 價	NT550 元
I S B N	978-626-7256-00-8 （平裝）
E I S B N	978-626-7126-99-8 (EPUB)

城邦讀書花園 www.cite.com.tw　布克文化 WWW.SBOOKER.COM.TW